陈涵霄　李洪
U0456418

机器学习中的数据安全与隐私保护关键技术研究

Research on Key Techniques for Data Security and Privacy Protection in Machine Learning

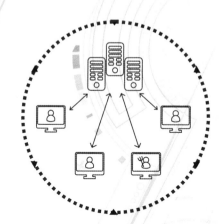

University of Electronic Science and Technology of China Press

·成都·

图书在版编目（CIP）数据

机器学习中的数据安全与隐私保护关键技术研究／
陈涵霄，李洪伟，郝猛编著. -- 成都：成都电子科大出
版社，2025. 3. -- ISBN 978-7-5770-1340-4

Ⅰ. TP274

中国国家版本馆 CIP 数据核字第 2025T68Y71 号

机器学习中的数据安全与隐私保护关键技术研究
JIQI XUEXI ZHONG DE SHUJU ANQUAN YU YINSI BAOHU GUANJIAN JISHU YANJIU

陈涵霄　李洪伟　郝　猛　编著

出 品 人　田　江
策划统筹　杜　倩
策划编辑　谢忠明
责任编辑　谢忠明
责任设计　李　倩
责任校对　解梦淘
责任印制　梁　硕

出版发行　电子科技大学出版社
　　　　　成都市一环路东一段 159 号电子信息产业大厦九楼　邮编 610051
主　　页　www. uestcp. com. cn
服务电话　028－83203399
邮购电话　028－83201495

印　　刷　成都久之印刷有限公司
成品尺寸　170 mm×240 mm
印　　张　10
字　　数　160 千字
版　　次　2025 年 3 月第 1 版
印　　次　2025 年 3 月第 1 次印刷
书　　号　ISBN 978-7-5770-1340-4
定　　价　68. 00 元

序.
FOREWORD

当前，我们正置身于一个前所未有的变革时代，新一轮科技革命和产业变革深入发展，科技的迅猛发展如同破晓的曙光，照亮了人类前行的道路。科技创新已经成为国际战略博弈的主要战场。习近平总书记深刻指出："加快实现高水平科技自立自强，是推动高质量发展的必由之路。"这一重要论断，不仅为我国科技事业发展指明了方向，也激励着每一位科技工作者勇攀高峰、不断前行。

博士研究生教育是国民教育的最高层次，在人才培养和科学研究中发挥着举足轻重的作用，是国家科技创新体系的重要支撑。博士研究生是学科建设和发展的生力军，他们通过深入研究和探索，不断推动学科理论和技术进步。博士论文则是博士学术水平的重要标志性成果，反映了博士研究生的培养水平，具有显著的创新性和前沿性。

由电子科技大学出版社推出的"博士论丛"图书，汇集多学科精英之作，其中《基于时间反演电磁成像的无源互调源定位方法研究》等28篇佳作荣获中国电子学会、中国光学工程学会、中国仪器仪表学会等国家级学会以及电子科技大学的优秀博士论文的殊誉。这些著作理论创新与实践突破并重，微观探秘与宏观解析交织，不仅拓宽了认知边界，也为相关科学技术难题提供了新解。"博士论丛"的出版必将促进优秀学术成果的传播与交流，为创新型人才的培养提供支撑，进一步推动博士教育迈向新高。

青年是国家的未来和民族的希望，青年科技工作者是科技创新的生力军和中坚力量。我也是从一名青年科技工作者成长起来的，希望"博士论丛"的青年学者们再接再厉。我愿此论丛成为青年学者心中之光，照亮科研之路，激励后辈勇攀高峰，为加快建成科技强国贡献力量！

中国工程院院士

2024 年 12 月

前 言
PREFACE

　　机器学习具有从图像、视频、文本等复杂数据中提取并分析相关信息的卓越能力，已成为当前计算机领域研究最广泛的技术之一，并在金融、自然语言处理、社交媒体等多个实际应用领域中得到成功应用。然而，随着机器学习算法的推广，其安全和隐私问题也日益凸显，引起了社会各界的高度关注。具体来说，机器学习的生命周期涵盖了训练与预测两大核心阶段。在模型训练环节，联邦学习作为一种先进的协作训练机制，允许多个参与方在不直接交换原始数据的前提下协作进行模型训练。该机制可分为横向联邦学习和纵向联邦学习两种主要类型，前者主要关注拥有相同特征但不同样本的多个数据集间的合作，而后者则聚焦于不同特征但相同样本的多个数据集间的协作。然而，一方面，由于联邦学习中用于知识交换的模型参数蕴含了训练数据的语义信息，加之这些数据通常涉及高度敏感的个人隐私或商业机密，因此该阶段面临严重的隐私泄漏风险，数据机密性难保障。另一方面，在基于云服务器的模型预测服务中，预测模型本身具有知识产权，且用户的查询数据可能包含隐私信息，这些因素都使得数据机密性在模型预测阶段同样面临挑战。上述机密性威胁严重阻碍了机器学习算法在实际场景中的应用价值。因此，聚焦联邦学习和模型预测过程中的数据机密性威胁，探讨相关技术挑战和解决方案设计，为机器学习应用中的数据安全提供技术支撑，变得至关重要。本书分别对横向联邦学习中的数据机密性保护、纵向联邦学习中的数据机密性保护和预测阶段的数据机密性保护三个方面进行了研究，旨在为数据机密性提供可证明安全的保证，促进机器学习技术的可持续发展与应用。

（1）横向联邦学习中的数据机密性保护技术研究

针对当前保护隐私的横向联邦学习方案缺乏对模型异构性支持的问题，本书设计了一个支持模型异构的安全横向联邦学习框架。该框架基于秘密分享原语和对称加密技术构造了一种新颖的安全查询方案，其核心构建块是定制化的乘法和比较协议，以显著提高执行效率。相比于已有研究，该框架既支持模型异构性，又适用于现实应用中用户间无法直接建立通信信道的情况，同时高效地实现了训练数据和异构模型的机密性保护。

（2）纵向联邦学习中的数据机密性保护技术研究

针对当前保护隐私的纵向联邦学习方案评估复杂、操作性能低的问题，本书利用函数秘密分享技术为比较、除法、数字分解等复杂函数设计了高效的评估协议，同时基于伪随机函数优化了乘法操作的性能。协议工作在离线－在线范式中，其核心思想是在输入无关的离线阶段生成必要的相关随机数，以尽可能地降低在线评估的开销。基于上述构造，本书实例化了一个保护隐私的纵向决策树训练方案，保证了训练数据和决策树模型的机密性。相比于已有研究，该方案实现了计算与通信性能的显著提升。

（3）预测阶段的数据机密性保护技术研究

针对当前保护隐私的机器学习预测技术计算和通信开销大的问题，本书研究了轻量级的二元神经网络并将其应用到安全预测中。利用该网络的固有性质，首先本书设计了新颖的加法器逻辑和评估算法用于非线性层评估。其次，本书提出了一个分治策略，将线性层中的矩阵乘法操作递归地分解为多个子操作分别进行高效评估。基于上述构造，本书提供了一个保护隐私的二元神经网络预测方案，实现了查询样本和预测模型的机密性保护。相比于已有研究，该方案具有优异的计算与通信性能。

本书为上述方案提供了严格的安全性分析，并进行了大量实验来证明方案性能的优越性，为机器学习协作训练与模型预测过程中的数据安全与隐私保护提供了可靠的技术支持。

本书的内容按如下顺序来阐述。

第一章为绪论。本章首先讨论了机器学习环境下数据安全问题的研究背景及意义，然后回顾了机器学习数据安全保护技术的研究现状与存在的问题，最后介绍了本书重点研究的四个内容与主要的研究贡献。

第二章为理论基础。本章介绍了数学符号，阐述了机器学习基础知识，包括机器学习工作流程、卷积神经网络模型、决策树模型、二元神经网络模型、联邦学习等。本章还介绍了密码学基础知识，包括加法秘密分享、不经意传输、函数秘密分享、伪随机函数、密钥协商等。

第三章为横向联邦学习中的数据机密性保护技术研究。本章阐述了横向联邦学习训练过程中数据隐私泄露的问题，随后分析了现有方案无法支持模型异构性的限制，然后提出了保护隐私的异构横向联邦学习方案，最后对所提方案的性能进行了实验评估。

第四章为纵向联邦学习中的数据机密性保护技术研究。本章阐述了纵向决策树联邦训练过程中的数据隐私泄露问题，以及当前方案的效率瓶颈，然后提出了保护隐私的纵向决策树训练方案，最后对所提方案的性能进行了实验评估。

第五章为预测阶段的数据机密性保护技术研究。本章阐述了二元神经网络中的数据隐私泄露问题，以及现有方案缺少利用二元特性设计高效定制化协议的问题，然后提出了保护隐私的二元神经网络预测方案，最后对所提方案的性能进行了实验评估。

第六章为全书总结与展望，首先对本书关于机器学习环境下的数据安全与隐私保护研究进行了全面总结，并展望了未来该领域的发展方向。

在完成本书之际，我要向我的博士导师，团队老师和所有师兄弟姐妹致以诚挚的感谢。同时感谢我的家人和朋友们给予的理解和支持。

陈涵霄

2024 年 9 月

目录 CONTENTS

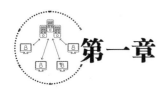

第一章

绪　论

1.1　研究背景与意义

机器学习作为人工智能的基石，正在推动各行各业的数字化、智能化转型，成为引领全球科技革命的重要力量。近年来，随着深度学习等技术的迅猛发展，机器学习算法在各种应用中的需求不断增加，如语音助手[4]、医疗诊断[5]和图像分类[6]等，并被广泛部署在金融、交通、政务、医疗、教育、军工等多个领域[7]。中华人民共和国工业和信息化部数据显示，2023年，我国生成式人工智能的企业采用率已达15%，市场规模突破14.4万亿元。举例来说，在金融领域，机器学习通过分析海量数据，为信用评分和风险管理提供有力支撑。在自动驾驶领域，机器学习则赋予车辆高度自主的感知、决策和行动能力，极大地提升了交通安全与行车效率。然而，随着机器学习与垂直行业的深度融合，在充分体现技术带来的红利的同时，数据安全风险如隐私泄露、数据篡改等问题也日益凸显，对个人、组织甚至整个社会的安全和稳定构成了严重威胁。

在数据驱动的机器学习中，从宏观上看，其生命周期可分为两个阶段：训练阶段和预测阶段。具体来说，首先基于不同源的数据样本，按照特定的机器学习算法进行模型训练。训练好的模型将用于执行预测服务，即给出新数据，模型输出高质量的预测结果。整个生命周期如图 1-1 所示。下面将详细介绍机器学习训练与预测阶段的具体操作，以及面临的数据安全与隐私泄露威胁。

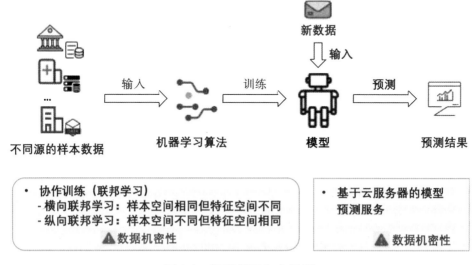

图 1-1　机器学习生命周期

　　一方面，在机器学习训练阶段，传统算法要求将所有数据收集到中心服务器进行训练，这不可避免地增加了用户隐私泄露的风险。为此，联邦学习[8]作为一种新兴的分布式机器学习范式被提出，它允许多个设备或计算节点在不共享原始数据的情况下进行协作训练。根据数据划分形式的不同，联邦学习可分为横向联邦学习[9]和纵向联邦学习[10-11]两种类型（参见第 2.2.2 小节）。在横向联邦学习中，每个参与者的数据源之间特征相同但分布不同；相反，在纵向联邦学习中，每个参与者的数据源之间特征不同但分布相同。总体来说，传统联邦学习的工作流程可概括如下：各参与方首先利用本地数据进行模型训练，然后上传训练后的模型参数或梯度到服务器；服务器对这些参数进行加权聚合，形成一个全局模型，并分发给各个参与方；参与方使用此全局模型进行下一轮的本地训练，如此迭代，直至达到预设的训练目标。尽管联邦学习避免了训练数据的直接共享，但是已有研究表明，公开的本地模型参数仍然包含训练数据的信息，使得攻击者可以通过发动推理攻击来窃取隐私[12-14]。

另一方面，机器学习预测阶段也面临隐私泄露问题。具体而言，拥有预测模型的云服务器向用户提供预测 API，用户可以将查询样本发送到云服务器并接收相应的分析结果。此过程对用户来说是"黑盒"的，此外用户查询可能是高度敏感的，服务器可以轻易地窃取用户的隐私(参见第五章)。近年来，国内外互联网公司和各类机构在机器学习预测过程中都出现了重大安全事故。例如，2023 年 3 月，三星公司在使用 ChatGPT 时，发生了多起数据泄露事件，导致其半导体设备资料、内部会议内容等高度机密信息被非法获取，这无疑对公司的核心利益构成了重大威胁。Facebook 泄露8700 万用户数据给剑桥分析公司。该公司使用机器学习技术分析这些数据，影响美国大选和广告定位。Uber 公司使用的 Greyball 机器学习系统泄露5700 万用户和 370 万司机的敏感信息，包括姓名、电子邮件和电话号码等。

综上所述，为机器学习中的联邦训练与预测服务提供数据机密性保障至关重要，这不仅是机器学习技术落地的关键，也是推动我国人工智能发展战略的必由之路。为了应对当前的数据安全与隐私问题，世界各国相继颁布了相关法律。例如，2018 年，欧盟颁布《通用数据保护条例》，2020年，美国加州颁布了全美最严的《加州消费者隐私法案》。我国也以《国家安全法》为基准，陆续推进了多项法律的落地。这足以看出，数据安全与隐私保护问题已成为世界各国关注的重大问题。目前，尽管许多研究致力于利用密码学技术为机器学习中的数据机密性提供可证明安全的保障(见第 1.2小节)，但受限于机器学习任务复杂、模型参数庞大等因素，这些研究仍面临着各种各样的问题(见第 1.2.4 小节)，如无法实现机密性与高性能之间的平衡、缺乏对复杂函数的支持等。为了应对这些挑战，本书聚焦联邦训练和模型预测过程中的数据机密性与完整性威胁，深入探讨相关技术难题与解决方案。通过对横向联邦学习中的机密性保护、纵向联邦学习中的数据机密性保护、预测阶段的数据机密性保护和预测阶段的数据完整性保护四个方面的深入研究，旨在为数据机密性和完整性提供安全保证，推动机器学习技术的健康、可持续发展与应用。

1.2 研究现状

本节介绍当前机器学习中数据安全与隐私保护的研究现状，包括横向联邦学习中的数据机密性研究现状，纵向联邦学习中的数据机密性研究现状，以及预测阶段的数据机密性研究现状。

1.2.1 横向联邦学习中的数据机密性研究现状

横向联邦学习[9-11]，也称"按样本划分的联邦学习"，适用于各参与方的数据集特征空间相同但样本空间不同的场景。例如，两家不同地区的银行可能拥有相似的业务模型，因此它们的数据集特征空间相同，但由于用户群体的不同，它们的样本空间也不同。这两家银行可以通过协作训练的方式，构建更精确的风险控制模型，同时保证各自的用户数据隐私不被泄露。尽管横向联邦学习取得了成功，但它仍然面临着许多挑战，其中尤为重要的是学习过程中普遍存在的"异构性"问题，包括"模型异构性"[9]和"统计异构性"[15]。统计异构性意味着各方数据来自不同的分布(即非独立同分布数据)，这可能导致偏离的局部最优解。解决统计异构性的问题已经得到了广泛的研究[15-19]，因此该异构性不在本书的讨论范围之内。尽管如此，本书所提方案可能有助于缓解由于定制化的模型设计和基于知识蒸馏的聚合规则引起的统计异构性问题。

本书主要聚焦于最近研究中经常探讨的模型异构性问题[3,9,20]。具体来说，Li 等人[9]结合了迁移学习和知识蒸馏技术，提出了第一个支持异构模型的横向联邦学习框架 FedMD。该框架首先使用公共数据集对模型进行预训练，然后将其迁移到包含隐私数据的目标任务上。随后，为了交换知识，每个参与方使用公共数据和来自其他参与方的聚合预测作为知识蒸馏的载体。为了进一步提高模型精度，FedDF[20] 被提出，与 FedMD 类似，FedDF 也使用了模型蒸馏技术进行知识共享。不同之处在于，FedDF 首先对参与方的本地模型执行聚合平均，然后在聚合模型上集成知识蒸馏。该方案由于对模型聚合平均的依赖导致了模型异构的局限性。紧接着，HeteroFL[21] 被提出，专门针对配备不同计算和通信能力的异构参与方进行联邦训练设计。在 HeteroFL 中，每个参与方仅通过改变隐藏通道的宽度来更新全局模型参数的一个子集，这降低了本地模型的计算和通信复杂度。然而，这种方法只能学习一个全局模型，而不是由参与方定制化的异构模型。此外，如第三章中所述，支持模型异构的横向联邦学习存在严重的隐私泄露问题，这在上述工作中并未得到解决。

近年来，已经有许多工作研究将隐私保护技术，例如安全聚合技术[22-26]应用到横向联邦学习中。然而，这些技术不能直接扩展到支持模型异构的横向联邦学习中。FedDP[27] 提出了一种密文环境下支持模型异构的横向联邦学习方案，该方案使用无噪声差分隐私技术来保证各个参与方的梯度隐私。然而，正如 EDPML[28] 中指出的，在差分隐私技术中，高级机制分析的隐私损失上限与实际隐私损失之间存在巨大差距。因此，差分隐私机制提供了不理想的效用与隐私权衡。最近，为了保证严格的梯度隐私，CaPC[3] 被提出，该方案利用混合的密码学原语实现了保护隐私的协作学习。具体来说，参与方利用基于安全两方计算和同态加密技术的安全预测协议以及隐私聚合方法，可证明安全地保证了协作学习中的数据机密性。然而，如第三章中所述，CaPC 由于使用了复杂且耗时的密码学技术导致了巨大的计算和通信开销，更糟糕的是，该方案要求互不相识的用户间必须建立直接的通信信道。

1.2.2 纵向联邦学习中的数据机密性研究现状

纵向联邦学习[10-11]适用于参与方之间的数据集具有相同样本空间但不同特征空间的联邦学习场景。以银行和电商公司为例，银行可能掌握用户的财务和信用记录，而电商公司则拥有用户的购物行为和偏好数据，通过纵向联邦学习，银行和电商公司可以在不直接共享数据的情况下，共同训练一个模型，从而充分利用各自的数据优势，提升模型性能。在纵向联邦学习中，决策树作为一种经典、高效且可解释性强的机器学习算法，被广泛应用。因此，如何实现保护隐私的纵向决策树联邦训练，是当前研究的热点。

目前，许多工作已经为保护隐私的纵向决策树联邦训练提供了解决方案[10-11,29-35]，然而，这些工作无法在训练过程中提供全面的隐私保障。具体来说，Du 等人设计了第一个保护隐私的纵向决策树训练算法[35]，其中一个安全的标量内积协议被提出用来计算树节点的信息增益。但是，该方案要求对所有参与方都公开样本标签，这显然违反了隐私规定。之后，Wang 等人[30]利用隐私集合求交技术[36]和混淆电路技术[37]对上述方法进行了改进。然而，该改进方案只关注于协议性能的提升，并未解决标签泄露这一关键问题。Vaidya 等人[33-34]为纵向划分数据引入了 ID3 算法[38]的两个广义保护隐私的变体。方案允许在训练和预测任务中公开一些明文统计数据，例如树节点上的可用样本 ID，这可能会损害参与方的隐私。后来，Vaidya 等人[32]利用阈值加法同态加密技术[39]设计评估协议，以在两个或多个参与方之间实现保护隐私的随机决策树训练。然而，该方案仍然要求中间值与所有参与方共享。基于这些中间值的知识，攻击者可能以不可忽视的概率推断出参与方的敏感信息，包括样本标签，以及它们是否具有相似的特征。最近，SecureBoost[29]通过使用 Paillier 同态加密方案[40]来构建梯度提升数模型[41]。尽管 SecureBoost 能够保护本地特征和标签的隐私，防止其直接泄露,但该方案将用于确定最佳分割的分割信息公开给标签拥有者,这泄露了其他参与方的数据分布。综上所述,上述解决方案均无法实现严格的隐私保障。最近,Wu 等人提出了 Pivot[1],这是第一个无中间值泄露的保护隐私的纵向决策树训练方案。但是,正如第四章中所述,Pivot 采用的昂贵的密码学操作会导致难以忍受的计算和通信开销。此外,高等人[41] 利用可交换加密和同态加密技术,构造了针对纵向联邦学习的数据对齐框架,在保护数据隐私的前提下,实现训练数据的对齐。不同于该工作,本书主要研究模型训练阶段。

此外,还有一些工作专注于特定应用设置下的决策树训练任务,例如数据特征均为连续属性[2,43]的情况。与上述工作中广泛使用的具有有限值的离散属性不同,连续属性来自一个无限集,例如温度和湿度。具体来说,Abspoe 等人[43]利用 MP-SPDZ[44]加密库提供了一种基于 C4.5 算法的纵向决策树训练方案。为了高效地计算训练算法中所需的统计信息,该方案利用排序网络来秘密地对连续属性进行预排序。随后,它将每个属性值视为候选的分割点,并计算每个点的基尼不纯度增益。尽管该方案提供了端到端的隐私保护,但其带来了巨大的计算开销。最近,Adams 等人[2]介绍了一种替代策略,用于在不排序属性值的情况下对连续属性进行预处理,与Abspoe 等人提供的方案[43]相比,该策略实现了更高的效率。该策略的核心是设计一种离散化方法将连续属性离散化,因此,后续的训练可以在离散化的值上进行。本书在第四章中提供了一个保护隐私的纵向决策树训练方案,并进一步地将该方案扩展到连续属性的设置中,实验结果表明,本书方案显著优于 Adams 等人提供的协议。

1.2.3 预测阶段的数据机密性研究现状

为了保护预测阶段中查询样本和模型参数的机密性,目前,已有许多安全两方预测方案[45-53]被提出,这些方案可分为两类。第一类主要关注密码学技术的设计，目标是为预测任务设计尽可能高效的密文评估协议。另一类是从模型架构优化出发，通过对模型架构进行密码学友好的修改，在不明显影响预测精度的前提下降低密文预测的开销。接下来，本书将分别讨论两类方案的研究进展。

首先讨论基于安全协议设计的安全预测方案。在现存的安全预测方案中，通常应用同态加密和安全多方计算等密码学协议，确保查询数据和模型参数的机密性。一些研究[45,54,55]支持使用单一的同态加密协议进行安全预测。CryptoNets[45]是第一个保护隐私的神经网络预测方案，它通过多项式拟合来近似非线性函数，并利用层级同态加密技术确保预测过程中的数据机密性。尽管后续出现的一些方案均遵循了这一范式[56-58]，但层级同态加密技术固有的局限性在于其高昂的计算开销。nGraph-HE[54-57]使用 CKKS 同态加密方案进行线性计算。然而，由于利用同态加密技术构建的解决方案仅限于计算低阶多项式，因此 nGraph-HE 将模型非线性层(如最大池化和ReLU)的评估任务卸载到查询方，即必须由拥有隐私查询样本的查询方在明文环境下进行非线性函数评估。这直接泄露了中间特征图表示，利用这些信息，恶意查询方可能能从中推断出模型参数。为了解决这个问题，CryptoNets[45]和 MKOI[59]使用低次多项式逼近非线性函数。但是，这种逼近会严重影响预测服务的准确性。为了缓解这一问题，另外一些研究工作，如 MiniONN[47]、Chameleon[48]、Delphi[53]和 Gazelle[49]，提出了基于混合技术的安全预测协议。具体来说，它们使用加法同态加密技术评估线性层，并使用混淆电路技术评估非线性层。然而，混淆电路技术用于评估具有大规模参数的神经网络模型时效率较低，主要原因是非线性操作无法在多个查询样本之间进行并行处理。CrypTFlow2[60]设计了基于不经意传输技术的非线性函数评估协议，为比较和截断操作设计了高效的评估逻辑。与基于混淆电路的解决方案相比，利用不经意传输技术显著提高了非线性函数安全评估的性能。基于 CrypTFlow2，Huang 等人最近提出了目前最先进的安全两方预测框架 Cheetah[52]，该框架利用高效的 silent OT 扩展技术[61]，来改进上述基于通用不经意传输技术的非线性协议，并利用加法同态加密原语设计了线性层评估协议。

接下来讨论基于模型架构优化的安全预测方案。许多工作[50-51,53,62,65]专注于架构优化的神经网络与定制化密码学协议的协同设计，以获取更好的密文预测性能。具体来说，COINN[51]提出了混合低精度量化与权重聚类的模型优化策略，并为其定制了矩阵乘法协议，用于评估这些加密友好的线性函数。Quotient[62]将预测模型的参数量化为三元权重，即{1，0，+1}，并为量化后的模型提出了高效的安全训练和预测方案。为了稳定量化过程，Quotient提出了重复量化等方法，同时，利用相关不经意传输（COT）技术评估矩阵乘法操作。作为模型量化的一种特殊形式，二元神经网络使用1比特的表示，即0或1，对模型权重和激活值进行量化。这种二元化的主要优势在于可将耗时的矩阵乘法操作替换为几乎无开销的异或（XNOR）运算。利用独特的二元特性，XONN[50]提出了第一个保护隐私的二元神经网络预测框架，该框架利用混淆电路技术评估模型中的线性和非线性函数。遵循这一范式，XONN+[63]随后被提出，该方案的核心是一种混合优化协议，其中混淆电路用于评估非线性操作，而线性函数则基于不经意传输技术进行评估。沿着这一方向，本书在第五章的工作旨在通过设计定制化的高效密码学协议，进一步提高保护隐私的二元神经网络预测的性能。

1.2.4 当前研究工作存在的主要问题

综上所述，现有工作已经探索了机器学习联邦训练和模型预测阶段中的数据机密性保护技术。然而，鉴于机器学习正面临着任务复杂度不断攀升、模型参数量持续增长、模型架构日趋多样化等多重发展趋势，现有的研究成果仍然存在着一些亟待解决的问题，具体表现为以下几个方面。

1. 横向联邦学习的数据机密性保护方面。当前保护隐私的横向联邦学习方案要么缺乏对模型异构性支持，即假设所有参与方共同训练一个全局模型，要么存在不合理的通信假设，即需要所有参与方之间建立直接的通信信道。

2.纵向联邦学习的数据机密性保护方面。当前保护隐私的纵向联邦学习方案要么在引入耗时开销的前提下实现了隐私保护，要么为了高性能公开中间结果，无法实现机密性和性能的良好平衡。

3.预测阶段的数据机密性保护方面。当前保护隐私的机器学习预测技术在评估高维矩阵乘法和复杂非线性函数时，会引入较高的计算和通信开销，无法满足实时预测服务的要求。

1.3 研究内容与贡献

针对联邦训练和模型预测过程中面临的上述数据机密性威胁，本书探讨相关技术挑战和解决方案设计，分别对横向联邦学习的数据机密性保护、纵向联邦学习的数据机密性保护和预测阶段的数据机密性保护三个方面进行了研究，旨在为数据机密性提供可证明安全的保证，促进机器学习技术的可持续发展与应用。三个研究内容之间的逻辑关系如图 1-2 所示，具体研究方案与贡献如下。

1.保护隐私的异构横向联邦学习方案。本书设计了一个密文环境下支持模型异构的横向联邦学习框架。该框架的核心是一种基于秘密分享原语和对称加密技术构造的新颖的安全查询方案，其基础构建块是定制化的乘法和比较协议，以显著提高执行效率。基于上述构造，该框架既支持模型异构性，又无须用户间建立直接的通信信道，同时实现了训练数据和异构模型的机密性保护。

2.保护隐私的纵向决策树训练方案。本书设计了一个保护隐私的纵向决策树联邦训练方案。该方案利用函数秘密分享技术为比较、除法、数字分解等复杂函数设计了高效的安全评估协议，同时基于伪随机函数优化了乘法操作的性能。协议工作在离线-在线范式中，其核心思想是在输入无关的离线阶段生成必要的相关随机数，以尽可能地降低在线评估的开销。基于上述构造，方案实现了训练样本、中间结果和树模型的机密性保护。

3.保护隐私的二元神经网络预测方案。本书设计了一个密文环境下轻量级的二元神经网络预测方案。利用二元神经网络的固有特性，本书提出了新颖的加法器逻辑和评估算法用于非线性层评估，同时提出了一个分而治之策略，将线性层中的矩阵乘法操作递归地分解为多个子操作分别进行高效评估。基于上述构造，方案实现了预测过程中查询样本和模型的机密性保护。

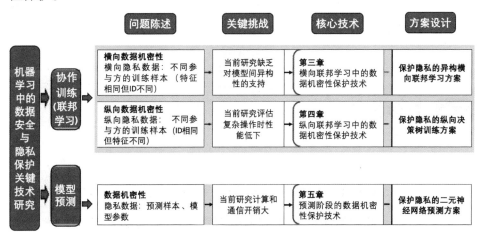

图1-2　本书三个研究内容之间的逻辑关系

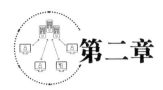 第二章

理论基础

本章首先介绍论文使用的数学符号；其次阐述了机器学习的基础知识，包括机器学习工作流程、卷积神经网络模型等，最后介绍了书中使用的密码学基础知识，包括秘密分享、不经意传输等。

2.1 数学符号

在本书中，κ 和 λ 分别表示计算安全性和统计安全性参数。本书交叉使用机密性保护和隐私保护术语，但是主要研究机密性保护技术。$[x]^\ell$ 或 $[x]$ 表示 x 在参与方之间以 Z_{2^ℓ} 中的算术分享形式存在，$[x]^B$ 表示 Z_2 中的布尔分享形式。$[n]$ 表示集合 $\{1, 2, \cdots, n\}$。对于 $a, b \in Z$ 且 $a < b$，本书使用 $[a, b]$ 表示集合 $\{a, \cdots, b\}$，使用 $(a, b]$ 表示集合 $\{a+1, \cdots, b\}$。本书使用 $x \leftarrow S$ 表示从有限集合 S 中均匀随机地采样 x。$\wedge$ 和 $\oplus$ 分别表示逻辑 AND 和 XOR 操作。$\lceil \cdot \rceil$ 和 $\lfloor \cdot \rfloor$ 分别表示向上取整和向下取整函数。本书使用斜粗体小写字母（例如，x）表示向量，斜粗体大写字母（例如，X）表示矩阵。$X[i, \cdot]$ 和 $X[\cdot, j]$ 分别表示矩阵 X 的第 i 行和第 j 列。给出两个矩阵 X 和 Y，$X \circ Y$ 表示 Hadamard 乘积（即逐元素乘积）。$\boxtimes$ 表示没有累加

操作的向量-矩阵乘法：给定长度为 m 比特的向量 $\boldsymbol{x}$ 和大小为 $m \times n$ 的矩阵 $\boldsymbol{Y}$，$\boldsymbol{x} \boxtimes \boldsymbol{Y}$ 输出大小为 $m \times n$ 的矩阵 $\boldsymbol{Z}$。$\boxplus$ 表示矩阵-向量的 XOR 操作：给出大小为 $m \times n$ 的矩阵 $\boldsymbol{Y}$ 和长度为 n 的向量 $\boldsymbol{x}$，$\boldsymbol{Y} \boxplus \boldsymbol{x}$ 输出大小为 $m \times n$ 的矩阵 $\boldsymbol{Z}$。$X[i, \cdot] = r$ 表示行向量 $X[i, \cdot]$ 中的每个元素都等于 r。$[x]_p$ 表示对消息 $x \in \mathbb{F}_p$ 的承诺。在第四章给出的决策树训练方案中，m 是训练样本的数量，K 是分类数量，d_k 是类别 $k \in K$ 中的样本数量，z 是树中的叶子节点数量，L 是树中所有叶子节点的标签。表 2-1 给出了详细的数学符号及其描述。

表 2-1　数学符号及其描述

数学符号	描述
κ	计算安全参数
λ	统计安全参数
$[\cdot]^\ell$ 或 $[\cdot]$	$\mathbb{Z}_{2^\ell}$ 上的算术分享
$[\cdot]^B$ 或 $[\cdot]$	$\mathbb{Z}_2$ 上的布尔分享
$[a, b]$	表示集合 $\{a, \cdots, b\}$，其中 $a, b \in \mathbb{Z}$ 且 $a < b$
$(a, b]$	表示集合 $\{a+1, \cdots, b\}$，其中 $a, b \in \mathbb{Z}$ 且 $a < b$
$x \leftarrow S$	从有限集合 S 中均匀随机地采样 x
$\wedge$	逻辑 AND
$\oplus$	逻辑 XOR
$\lceil \cdot \rceil$	向上取整函数
$\lfloor \cdot \rfloor$	向下取整函数
x	粗体小写字母，表示向量
X	粗体大写字母，表示矩阵
$X[i, \cdot]$	矩阵 X 第 i 行
$X[\cdot, j]$	矩阵 X 第 j 列
$X \cdot Y$	矩阵 X 和 Y 的 Hadamard 乘积(即逐元素乘积)

数学符号	描述
$\boxtimes$	没有累加操作的向量-矩阵乘法：给定长度为 m 比特的向量 x 和大小为 $m \times n$ 的矩阵 Y，$x \boxtimes Y$ 输出大小为 $m \times n$ 的矩阵 Z
$\boxplus$	矩阵-向量的 XOR 操作：给出大小为 $m \times n$ 的矩阵 Y 和长度为 n 的向量 x，$Y \boxplus x$ 输出大小为 $m \times n$ 的矩阵 Z
$X[i, \cdot] = r$	行向量 $X[i, \cdot]$ 中的每个元素都等于 r
s	精度变量，表示小数位的比特长度
m	决策树中的训练样本的数量
K	分类数量
d_k	类别 $k \in K$ 中的样本数量
z	决策树中的叶子节点数量
L	决策树中所有叶子节点的标签

2.2 机器学习基础知识

本节介绍机器学习的相关基础知识，包括机器学习工作流程以及各类主流的神经网络模型(如卷积神经网络、决策树模型、二元神经网络、联邦学习等)。

2.2.1 机器学习工作流程

机器学习(machine learning，ML)作为人工智能领域的一个重要分支，其核心在于赋予计算机系统以自动学习和改进的能力，而无须进行烦琐的

显式编程。这一过程主要依赖于算法和统计模型，使得系统能够自主地从大量数据中提取有用信息，并据此进行学习和性能优化。机器学习系统可利用数据和统计技术来识别模式、构建预测模型，并针对未知数据做出预测或决策。因此，机器学习不仅仅是一个技术工具，更是一种思维方式，它让人们能够重新审视数据处理和分析的方式，从而更高效地解决复杂问题。在机器学习的实际应用中，训练阶段和预测阶段构成了其工作流程的核心，具体如下。

1. 训练阶段。训练阶段是机器学习过程中的关键一步，它决定了机器学习模型后续的性能表现。在这一阶段，机器学习算法会接收到一组已知的数据，通常被称为训练集。这组数据包含了多个样本，每个样本都由输入特征和对应的输出值组成。输入特征可以是任何与预测目标相关的变量，而输出值则是希望模型学习到的目标结果。训练过程的核心目标是找到一组能够最小化预测误差的模型参数。为了实现这一目标，算法会利用统计技术和优化算法来迭代地调整模型参数。通过不断地在训练数据上进行尝试和修正，模型逐渐学会如何从输入特征中捕捉到与目标输出相关的模式和信息。当模型在训练数据上的性能达到一定的标准时，训练阶段便告一段落。

2. 预测阶段。一旦模型在训练阶段完成了学习，便可用于对新数据进行预测或分类。预测阶段是机器学习模型发挥实际作用的关键时刻。在这一阶段，模型会接收到一组新的输入特征，这些特征可能是之前未见过的数据。基于在训练阶段学习到的参数和规律，模型会对这些新的输入特征进行分析和处理，并生成相应的输出预测。预测过程可以是分类任务中的标签预测、回归任务中的数值预测，或者是其他类型的输出预测。预测结果的准确性取决于模型在训练阶段的学习效果和数据的质量。如果模型在训练阶段学习得足够好，并且输入特征具有足够的代表性，那么预测结果通常会比较准确。

通过训练阶段和预测阶段的有机结合，机器学习模型能够实现对未知数据的自动分析和预测。这种能力使得机器学习在各个领域中都有着广泛的应用，如自然语言处理、图像识别、推荐系统、金融风控等。随着技术的不断发展和完善，机器学习将在未来发挥更加重要的作用。

2.2.2 联邦学习

联邦学习(federated learning，FL)是一种新兴的机器学习方法，它允许多个设备或计算节点在不共享原始数据的情况下进行模型训练。这种分布式学习方法可以减少传输数据的需求，同时减轻中央服务器的计算负担。在联邦学习中，模型的训练是在本地设备上进行的，只有模型的更新参数被汇总到中央服务器进行聚合。下面阐述联邦学习的两个变体，即横向联邦学习和纵向联邦学习，其主要的区别是在于样本和特征的不同划分。图2-1 给出了横向联邦学习和纵向联邦学习的数据分布示意图。

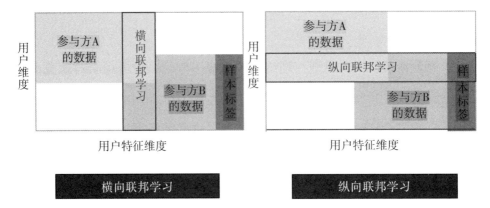

图2-1 横向联邦学习与纵向联邦学习的数据分布示意图

1.横向联邦学习(horizontal federated learning，HFL)是联邦学习的一种

类型，适用于参与方拥有相似特征空间但不同样本空间的数据场景。也就是说，各个参与方的数据集包含相同或相似的特征（列），但记录（行）不同。例如，不同医院之间的患者数据，每个医院的数据特征相同，但患者个体不同。横向联邦学习的工作流程如下。

- 初始化模型：云服务器初始化一个全局模型，并将其发送给各个参与方。

- 本地模型训练：各个参与方使用本地数据重新训练接收到的全局模型，以更新模型参数。

- 本地模型上传：各参与方将本地训练后的模型参数上传到云服务器。

- 全局模型聚合：云服务器聚合来自各参与方的模型参数，更新全局模型，常用的聚合方法是加权平均。

- 迭代更新：云服务器将更新后的全局模型发送给各参与方，重复上述过程，直到模型收敛。

除此之外，本节额外介绍针对异构模型的横向联邦学习训练流程。上述横向联邦学习训练过程存在一个假设，即所有参与者需共同训练一个全局模型，不支持模型异构性。支持模型异构的横向联邦学习应使得具有不同计算和通信能力的参与方协同训练各自定制化的模型，这些模型可能在大小、数值精度或结构上存在差异[20]。由于这种模型异构性，参与方在训练过程中不能直接共享模型参数，他们将通过一个查询-响应机制学习其他模型的知识[65]。具体来说，在每轮迭代中，参与方在云服务器的协调下执行下述操作。

- 本地模型训练：每个参与方在其本地训练数据集上训练本地模型。

- 查询-响应：云服务器选择 C 个参与方作为响应方，这些响应方对一个公开的辅助查询数据集给出预测结果，并将预测结果发送给云服务器，云服务器聚合所有预测，并将聚合结果分发给参与方。

● 本地模型重训练：参与方基于本地训练数据，以及辅助数据和相应的聚合预测，重新训练本地模型。

2. 纵向联邦学习（vertical federated learning，VFL）是联邦学习的另一种类型，适用于参与方拥有相似样本空间但不同特征空间的数据场景。也就是说，各个参与方的数据集包含相同或相似的记录（行），但特征（列）不同。例如，不同金融机构对同一批客户的不同属性信息。纵向联邦学习在工业界拥有广泛的应用场景，通常用于决策树的协作训练中，本书将在第四章中给出详细的示例和介绍。纵向联邦学习的工作流程如下。

● 样本对齐：每个参与方通过数据对齐技术对其拥有的共同训练样本进行对齐，以确定哪些样本是重叠的。

● 本地特征计算：各个参与方使用本地数据计算特征并生成中间结果，中间结果被发送到云服务器。

● 协同计算：云服务器利用特定的训练算法基于收到的信息进行计算，生成全局模型的中间更新结果。

● 迭代更新：云服务器将更新结果发送给各个参与方，各个参与方使用这些结果更新本地模型参数，重复上述过程，直到模型收敛。

2.2.3 卷积神经网络

1. 卷积神经网络（convolutional neural network，CNN）是一种常用于图像识别、计算机视觉和自然语言处理等领域的深度学习模型，通常由多个卷积层、激活层、池化层和全连接层组成。以下是卷积神经网络的基本架构。

2. 卷积层（convolutional layer）。卷积层是卷积神经网络中的核心组件，用来通过卷积操作提取图像中的特征。假设输入图像为 X，卷积核为 K，卷

积操作表示为 $*$，则卷积层的输出 Y 可以表示为

$$Y = X * K + b,$$

其中，b 是偏置项。卷积操作通过滑动卷积核在输入图像上提取特征，并通过权重共享减少模型参数量。

3. 激活层（activation layer）。激活层引入非线性特性，使模型能够学习复杂的模式。常用的激活函数有 ReLU 函数：

$$Y = \mathrm{ReLU}(XW + b).$$

4. 池化层（pooling layer）。池化层用于降低卷积层输出的空间维度，减少模型计算量。常见的池化操作包括最大池化（Maxpooling）和平均池化（Averagepooling）。最大池化操作的公式为

$$\mathrm{Maxpooling}(x) = \max(x_1, \cdots, x_s),$$

其中，max 为最大值操作，s 是池化窗口的大小，$x = \{x_1, \cdots, x_s\}$ 为当前池化窗口内的元素。平均池化的公式为

$$\mathrm{Averagepooling}(x) = \frac{1}{s} \sum_{i=1}^{s} x_i.$$

5. 全连接层（fully connected layer）。全连接层将卷积层和池化层提取的特征进行整合，用于分类或回归任务。每个神经元与上一层的所有神经元相连接，权重矩阵 W 和偏置向量 b 决定了连接强度。全连接操作可表示为

$$y = W \cdot x + b,$$

其中，x 是输入向量，y 是输出向量。注意，全连接层的输出可以通过上述激活层进行非线性变换。

通过堆叠多个卷积层、激活层、池化层和全连接层，可以构建深度的卷积神经网络模型。各层之间的协作使得卷积神经网络能够从输入数据中提取出有用的特征信息，并输出相应的结果，用于解决各种图像识别和分类问题。

2.2.4 决策树模型

决策树是一种监督学习算法，广泛应用于分类和回归任务。决策树模型通过一系列决策规则将数据逐步划分成不同的类别或预测值，每个内部节点表示一个特征测试，每个分支表示一个特征值的结果，每个叶节点表示一个类别或预测值。在决策树训练中，从根节点开始，训练算法首先为当前节点选择最佳分割，然后对由此产生的每个子树进行递归训练操作，直到满足某些剪枝条件（例如，特征集为空或树达到最大深度）。详细的明文决策树训练过程见算法 2-1。

与先前的决策树训练工作 Pivot[1] 类似，本节使用基尼不纯度[67]作为指标来确定最佳分割。正式地，假设到达当前节点的可用样本集为 D，F 为可用特征的集合，给定任意分割特征 $f_j \in F$ 和分割值 $s \in \mathrm{Domain}(f_j)$，$D$ 可以被分割成两个分区 D_l 和 D_r。基尼不纯度可表示为

$$I(D) = \sum_{k \in K} p_k (1 - p_k) = 1 - \sum_{k \in K} p_k^2, \tag{2-1}$$

其中 $p_k = d_k / D$ 表示从 D 中随机选择的实例属于类别 k 的概率。基于该表示，s 的基尼不纯度增益为 $g = I(D) \cdot (\lambda_l \cdot I(D_l) + \lambda_r \cdot I(D_r))$，其中 $\lambda_l = |D_l| / |D|$ 且 $\lambda_r = |D_r| / |D|$。具有最大增益的分割被视为当前树节点的最佳分割。需要注意的是，本文可以在不影响排序结果的前提下进一步简化 g 的评估，如下所示：

$$\tilde{g} = \sum_{k \in K} \frac{d_{kl}^2}{|D_l|} + \sum_{k \in K} \frac{d_{kr}^2}{|D_r|}, \tag{2-2}$$

其中 d_{kl} 和 d_{kr} 分别表示在 D_l 和 D_r 中属于类别 $k \in K$ 的样本数量。

算法 2-1　明文决策树训练算法

　　输入：特征集合 F，样本集合 D_0。

　　输出：训练后的决策树 T。

1. **for** 每个树节点 n_i **do**

2. 　　**if** 剪枝条件满足 **then**

3. 　　　　将 n_i 设置为 T 的叶子节点，其标签为可用样本数中多数类的标签；

4. 　　**end**

5. 　　**else**

6. 　　　　**for** 分割点 $s_j \in F$ **do**

7. 　　　　　　根据当前特征值与 s_j 之间的大小关系，将 D_j 分割为 D_l（小于等于该分割点的样本）和 D_r 两部分（大于该分割点的样本）；

8. 　　　　　　利用公式 2-2 计算基尼不纯度增益 g_j；

9. 　　　　**end**

10. 　　　确定具有最大基尼不纯度增益的最佳分割 s_i^*，其对应的样本分区为 D_l^* 和 D_r^*；

11. 　　　将可用的样本集 $D_{2i+1} = D_l^*$ 分配给左子节点 n_{2i+1}，并将 $D_{2i+2} = D_r^*$ 分配给右子节点 n_{2i+2}；

12. 　　**end**

13. **end**

14. 返回一个训练后的决策树 T。

(2.2.5)　二元神经网络

　　与传统神经网络类似，二元神经网络（binary neural network）由一系列线性和非线性层组成，只不过这些层的权重和激活值被限制为 ±1。由于这一独特特性，基于二元神经网络的评估节省了大量的存储和计算资源。实际上，模型二元化不可避免地会造成一定的信息损失。幸运的是，正如现有的安全二元神经网络预测工作[50-63]所示，通过增加模型宽度，二元神经网络在许多实际基准测试上的精确度与非二元化模型相当。下面简要描述二元神经网络中不同层的功能。

1.二元线性层。一个全连接层以长度为 n 的激活向量 $x \in \{+1, -1\}^n$ 和权重矩阵 $W \in \{+1, -1\}^{m \times n}$ 作为输入，通过线性变换 $y = W \cdot x$ 输出 $y \in \mathbb{R}^m$。与全连接层操作类似，卷积层是另一种形式的线性变换，可通过矩阵乘法表示[60-68]。

2.批量归一化层。批量归一化层通常应用于线性层的输出上，以对结果进行归一化。对于全连接层的输出 y，批量归一化层将 y 的第 i 个元素乘以 $\gamma[i]$，并将结果加上 $\beta[i]$，其中 $\gamma \in \mathbb{R}^m$ 是缩放向量，$\beta \in \mathbb{R}^m$ 是偏移向量。对于卷积层的输出，批量归一化层将第 i 个通道的所有元素乘以一个标量 $\gamma[i]$，并将结果加上 $\beta[i]$。

3.符号激活层。批量归一化层的输出通常被输入到符号激活函数中。该激活函数接受输入 $x \in \mathbb{R}^n$，并将其映射为 $y = \mathrm{sign}(x) \in \{+1, -1\}^n$，其中 sign 根据 x 的符号输出 $+1$ 或 -1。

4.二元最大池化层。池化层作用在卷积层输出的图像通道上，它在通道上滑动一个窗口并将值聚合为一个单一输出。最大池化和平均池化是最常见的两种池化操作。然而，平均池化通常不用于二元神经网络，因为多个二元值的平均值不再是二元的。

2.3　密码学基础知识

本节介绍密码学基础知识，包括秘密分享、不经意传输、函数秘密分享、安全两方查找表技术、伪随机函数与密钥协商协议。

2.3.1 秘密分享

在本节提供的机密性保护方案中，所有秘密值均在参与方之间进行秘密分享（secret sharing，SS）。本节采用了两种不同操作环上的轻量级 2-out-of-2 秘密分享方案[69]，即布尔分享（Boolean sharing）和算术分享（arithmetic sharing）。在布尔分享中，分享算法 $\text{Shr}^B(x)$ 接收环 Z_2 中的值 x 作为输入，并输出两个秘密分享值 $[x]_0^B$ 和 $[x]_1^B$，在 Z_2 中满足 $[x]_0^B \oplus [x]_1^B = x$。重构算法 $\text{Rec}^B([x]_0^B, [x]_1^B)$ 以两个秘密分享值（$[x]_0^B, [x]_1^B$）作为输入，并输出 x。给出两个布尔分享值，可以非交互式地在这两个值上评估 XOR 操作，而 AND 运算则需要调用第 2.3.2 节中所示的不经意传输原语进行评估。

本节用 $[x]^\ell = ([x]_0^\ell, [x]_1^\ell)$ 表示 $x \in Z_{2^\ell}$ 的算术分享，满足 $x = [x]_0^\ell + [x]_1^\ell \bmod 2^\ell$。为了增加可读性，本书文在某些协议中也会用（$[x], [x]_0, [x]_1$）表示算术分享。算术分享的操作与布尔共享的操作类似，只是将 XOR 和 AND 运算分别替换为加法和乘法。乘法运算，即 $[z] = [x][y]$，可以使用 Beaver 乘法三元组进行评估[70]，其中每个三元组 (a, b, c) 满足约束 $c = ab$。这些三元组可以通过密码学技术[70]或可信第三方来生成[48]。本节将算术分享和重构算法分别表示为 $\text{Shr}^A(\cdot)$ 和 $\text{Rec}^A(\cdot)$。秘密分享技术拥有线性同态性和安全性。

1. 线性同态性：给出公开系数 $c_1, \cdots, c_k, c \in Z_{2^\ell}$，参与方可本地计算 $[y]^\ell = \sum_{i=1}^k c_i [x_i]^\ell + c$。

2. 安全性：给定 $[x]_0^{\ell(B)}$ 或 $[x]_0^{\ell(B)}$，x 的真实值是完全隐藏的。

2.3.2 不经意传输

在 1-out-of-2 不经意传输（oblivious transfer，简称 OT）协议[71]中，发送方输入两个 ℓ 比特的消息 m_0 和 m_1（$m_0, m_1 \in \{0, 1\}^\ell$），接收方输入一个

选择比特 $b \in \{0, 1\}$。协议结束后，接收方获得 m_b，而发送方则未收到任何信息。OT 协议可工作在离线-在线机制中，具体如下。

- 在离线协议 OT^{off} 中，一个半诚实的第三方（STP）生成随机数 a_0 和 a_1，并将其发送给发送方，同时生成 $r \in \{0, 1\}$ 和 a_r，并将其发送给接收方。

- 在在线协议 OT^{on} 中，给出发送方的输入 m_0 和 m_1，以及接收方的输入选择比特 b，接收方计算 $b' = b \oplus r$ 并将其发送给发送方。发送方生成并发送一个元组 (s_0, s_1) 给接收方，该元组在 $b' = 0$ 时等于 $(a_0 \oplus m_0, a_1 \oplus m_1)$，否则等于 $(a_0 \oplus m_1, a_1 \oplus m_0)$。最后，接收方可获得 $m_b = s_r \oplus a_r$。

本节依赖于 OT 的两种变体[72]，即 1-out-of-2 相关 OT $\binom{2}{1}$-COT_ℓ）和 1-out-of-2 随机 OT $\binom{2}{1}$-ROT^ℓ。在 $\binom{2}{1}$-COT^ℓ 中，发送方输入一个相关函数 $f(r) = x + r$，而接收方输入一个选择比特 b。协议执行结束后，发送方获得一个随机的 $r \in \{0, 1\}^\ell$，而接收方获得 m_b，其中 $m_0 = r$，$m_1 = x + r$。在 $\binom{2}{1}$-ROT_ℓ 中，发送方没有输入，并在协议结束后获得随机数 $m_0, m_1 \in \{0, 1\}^\ell$，而接收方获得 m_b。上述 OT 原语通常通过 OT 扩展技术（IKNP[72] 和 silent OT 扩展[61,73] 技术）来实现的，这些技术建立在少量基础 OT 实例上，并通过高效的对称加密操作将它们扩展到大量的 OT 实例。和 Cheetah[52] 类似，本节使用低通信的 silent OT 扩展[61] 作为底层构建块，其中 $\binom{2}{1}$-ROT_ℓ 的分摊通信开销几乎为 0，因此，本文中的复杂性分析忽略了由 $\binom{2}{1}$-ROT_ℓ 引入的通信和轮次开销。$\binom{2}{1}$-COT_ℓ 的通信轮次为 2 轮，通信量为 $\ell + 1$ 比特。

(2.3.3) 函数秘密分享

函数秘密分享(function secret sharing，FSS)[74]技术将函数f分成两个简洁的秘密分享，使得每个分享不会透露有关函数f的任何信息，同时，用户可以在分享的函数上本地评估输入x，得到输出$f(x)$的加法秘密分享。具体而言，FSS方案包含一组算法 Gen 和 Eval，其语法如下。

- $(k_0, k_1) \leftarrow \text{Gen}(1^\kappa, f)$：给定安全参数$\kappa$和函数$f$，输出两个密钥$k_0$和$k_1$，分别发送给参与方$P_0$和参与方$P_1$(假设$f$明确包含输入和输出的描述$G^{in}$和$G^{out}$)。

- $[f(x)]_i \leftarrow \text{Eval}(k_i, x)$：给定密钥$k_i$和公共输入$x \in Z_{2^n}$，输出$[f(x)]_i$，满足$[f(x)]_i + [f(x)]_{1-i} = f(x)$。

在离线-在线机制中，算法 Gen(·) 可以在离线阶段进行评估，算法 Eval(·) 需要利用输入x，因此需要在在线阶段进行评估。下面简要介绍两个常用的使用 FSS 构造的协议[75-76]：(1)分布式点函数(distributed point function，DPF)($\text{Gen}^*_{\alpha,\beta}$, $\text{Eval}^*_{\alpha,\beta}$)，满足当且仅当$x = \alpha$时，有$f_{\alpha,\beta}(x) = \beta$，否则为 0；(2)分布式比较函数(distributed comparison function，DCF)($\text{Gen}^<_{\alpha,\beta}$, $\text{Eval}^<_{\alpha,\beta}$)，满足当且仅当$x < \alpha$时，有$f_{\alpha,\beta}(x) = \beta$，否则为 0。函数秘密分享方案的正确性和安全性定义如下。

定理 2.1 设$F = \{\hat{f}\}$是一个函数族，Leak 是一个指定f的可允许泄露的函数。当 Leak 被省略时，表示为仅输出G^{in}和G^{out}。如果上述定义的算法(Gen，Eval)满足下述要求，那么该算法是一个对于F的函数秘密分享方案(相对于泄露 Leak)。

1. 正确性：对于所有$f \in P_F$，其定义了$\hat{f}$：$G^{in} \rightarrow G^{out}$，以及每个$x \in G^{in}$，如果$(k_0, k_1) \leftarrow \text{Gen}(1^\kappa, f)$，那么$\Pr[\text{Eval}(k_0, x) + \text{Eval}(k_1, x) = \hat{f}(x)] = 1$。

2. 安全性： 对于每个 $i \in \{0, 1\}$，都存在一个概率多项式时间（probabilistic polynomial time，简称 PPT）的算法 Sim_i（模拟器），使得对于来自 F 的多项式大小函数描述的每个序列 $(f_\kappa)_\kappa \in \mathrm{N}$ 和 $\hat{f}_\kappa$ 的多项式大小输入序列 x_κ，以下实验 Real 和 Ideal 的输出在计算上是无法区分的：

- Real_k：$(k_0, k_1) \leftarrow \mathrm{Gen}(1^k, f_k)$；输出 k_i。
- Ideal_k：输出 $\mathrm{Sim}_i(1^k, \mathrm{Leak}(f_k))$。

(2.3.4) 安全两方查找表技术

安全两方查找表（secure lookup table，简称 LUT）协议[77]包含一个真值表 $T: \{0, 1\}^\sigma \leftarrow \{0, 1\}^\delta$，将一个 σ 比特的秘密分享输入 $[x]$ 映射到一个 δ 比特的秘密分享输出 $[y]$，使得 $y = T(x)$。LUT 协议可工作在离线-在线机制中，具体如下。

- 在离线协议 $\mathrm{LUT}^{\mathrm{off}}$ 中，一个半诚实的第三方（STP）生成 (T^0, r) 和 (T^1, s)，并将它们分别发送给两个参与方 P_0 和 P_1，使得对于所有 $j \in [2^\sigma]$，都有 $T^0[j] \oplus T^1[j] = T[r \oplus s \oplus j]$，其中 r 和 s 是随机数，用来置换表 T。

- 在在线协议 $\mathrm{LUT}^{\mathrm{on}}$ 中，P_0 和 P_1 重构 $z = x \oplus r \oplus s$，然后分别获得 $[y]_0 = T^0(z)$ 和 $[y]_1 = T^1(z)$，使得 $y = T(x)$。

该协议的在线通信轮次为 1 轮，通信量为 $2n$ 比特。

(2.3.5) 伪随机函数与密钥协商协议

一个伪随机函数（pseudo-random function，简称 PRF）是一个带密钥的函数 $F: \{0, 1\}^* \times \{0, 1\}^\square \to \{0, 1\}^*$。如果对于所有多项式时间敌手 D，满足 $|\Pr[D^{F(k_1, \cdot)}(1^\kappa)] - \Pr[D^{f(\cdot)}(1^\kappa)]| \leq \mathrm{negl}(\kappa)$，那么函数 F 是伪随机

函数，其中 k 从 $\{0, 1\}_\kappa$ 上均匀随机采样，f 从相同输入输出长度中的所有函数中均匀随机采样。在本文方案中，PRF 使得参与方可以在无须通信的情况下生成相同的伪随机数。参与方之间的种子 s 可通过 Diffie-Hellman 密钥协商协议[78]获得。该密钥协商协议包含以下三个步骤。

- DH. param$(k) \rightarrow (G, g, q, H)$ 生成一个阶为素数 q 的群 G，以及一个生成元 g 和一个哈希函数 H。

- DH. gen$(G, g, q, H) \rightarrow (x_i, g^{xi})$ 随机采样 $x_i \in G$ 作为私钥，并将 g^{xi} 作为公钥。

- DH. agree$(x_i, g^{xj}, H) \rightarrow s_{i,j}$ 输出种子 $s_{i,j} = H((g^{xj})^{xi})$。该密钥协商协议满足以下两个条件[79]。

1.正确性： 对于由两个参与方 P_i 和 P_j 使用 DH. gen 在相同参数 (G, g, q, H) 下生成的任意密钥对 (x_i, g^{xi}) 和 (x_j, g^{xj})，有 DH. agree$(x_i, g^{xj}, H) = $ DH. agree(x_j, g^{xi}, H)。

2.安全性： 对于任何窃取了 g^{xi} 和 g^{xj}（但无法窃取相应的 x_i 和 x_j）的敌手，从这些密钥派生出的协商密钥 $s_{i,j}$ 与一个均匀随机值是不可区分的。

2.4 本章小结

本章重点阐述了机器学习和密码学基础知识。一方面，本章介绍了本书主要关注的机器学习场景，包括卷积神经网络、决策树、二元神经网络、以及联邦学习。另一方面，本章详细介绍了本文协议设计依赖的密码学技术，包括加法秘密分享、不经意传输、函数秘密分享、密钥协商等。这些基础知识将贯穿本书的研究内容。

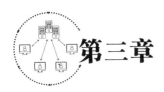

第三章

横向联邦学习中的数据机密性保护技术研究

本章关注横向联邦学习中的数据机密性保护，主要探讨在每个用户的数据源之间特征相同但分布不同的协作训练任务中，如何保护用户数据的机密性。为此，本章设计了一个密文环境下支持模型异构的横向联邦学习框架。该框架避免了用户之间建立直接的通信信道，同时实现了训练数据和异构模型的机密性保护。

3.1 引言

传统的机器学习算法采用集中式训练方法，即需要将所有用户的数据都集中存储在一个中心化服务器上进行模型训练。然而，大量用户敏感数据的收集使得该方法面临着数据难以集中管理、隐私问题突出等限制。近年来，联邦学习[80]被提出以避免数据集中存储带来的隐私泄露风险，同时更好地利用分散的数据资源。联邦学习是一种分布式机器学习模型，其中多个参与者在本地训练模型，并仅与云服务器共享计算得到的梯度，而不是他们的原始数据。

本章关注联邦学习中一个广泛应用的变体，称为横向联邦学习，同时考虑更现实的用户模型异构设置。在横向联邦学习中，每个参与者的数据源之间特征相同但分布不同。在机器学习领域，支持模型异构的横向联邦训练算法(下文中称为异构横向联邦学习)已经被提出[9]，该算法可以使不同计算和通信能力的用户能够共同训练各自定制化的模型，这些模型可能在大小、数值精度或结构上存在差异[20]。在异构横向联邦学习中，模型的知识是通过对辅助数据集执行一个查询-响应范式进行共享的，这些辅助数据集来自相同任务域的无标签数据集[3]或来自不同任务域的相关数据集[9,20]。在这种范式中，每个用户使用辅助查询数据集中的样本向其他用户发出查询，并通过云服务器获取聚合的响应预测①。然后，用户根据查询数据和相应的预测重训练本地模型。这种灵活的方法促进了在医疗保健和金融等领域提供定制化的机器学习驱动服务[81]，同时解决了机器学习模型的知识产权问题[82]。图3-1直观地展示了横向联邦学习和异构横向联邦学习的工作流程之间的区别。

尽管具有上述优势，异构横向联邦学习仍然面临严重的隐私泄露问题。一方面，直接共享查询样本会侵犯其隐私。例如，在医疗诊断应用中，辅助数据集可能包含患者的身体状况和就诊记录。公开这种高度敏感的信息在当前诸如《通用数据保护条例》等法规下是违法的。另一方面，公开响应预测仍可能危及本地数据的隐私[83]。具体来说，预测概率表明了模型对于查询样本进行分类的置信程度，例如，反映了医疗诊断系统的能力。更糟糕的是，它们可能隐含了模型参数和训练样本的知识[84-86]。

---

①正如先前工作[22-23]所示，在实际应用中，用户(例如移动设备)通常分布广泛，因此云服务器作为桥梁 协调用户间的信息交换。

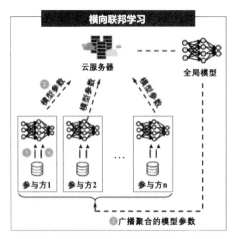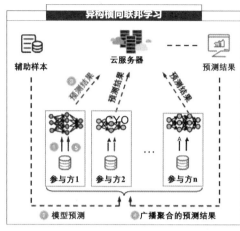

图 3-1　横向联邦学习与异构横向联邦学习工作流程

尽管在传统的横向联邦学习中，隐私问题可以通过应用安全梯度聚合协议得到缓解[23]，但由于用户模型的异构性，为异构横向联邦学习提供隐私保护变得尤为困难。一个可能的解决方案是在该设置中结构化地集成现有的安全查询方案[52,60,87-88]（即，保护隐私的模型预测协议）。这些方案利用各式各样的密码学原语，包括同态加密[89]、混淆电路[37]或不经意传输[90]，为查询数据和响应预测提供全面的隐私保障。虽然可以通过巧妙的协议修改将上述方案扩展到异构横向联邦学习场景（参见第3.3.4节），但它们存在两个主要限制：（1）缺乏定制化的协议设计；（2）依赖昂贵的密码学原语。这些瓶颈将会导致极差的密文训练性能，并会阻碍异构横向联邦学习的高效实例化。最近的工作[3]提出了一个名为 CaPC 的协作学习方案，该方案使每个用户能够直接使用现有的安全查询方案[54]改进本地模型。然而，由于该方案依赖跨用户通信，不能直接应用于通用的异构横向联邦学习场景，此外，该方案也带来昂贵的计算和通信开销（参见第3.5.2节）。因此，通过设计定制化的协议实现一个高效且保护隐私的异构横向联邦学习方案是必要的，也是具有挑战性的。

本章提出了一个高效且保护隐私的异构横向联邦学习框架，旨在解决上述挑战。该框架基于标准的异构横向联邦学习训练范式[9]进行构建，包括三个阶段：本地训练、查询-响应和本地重训练（详细介绍见第 2.2.2节）。为了提供隐私保证，该框架提出了一种基于轻量级秘密分享技术和对称加密原语的安全查询方案。方案的核心是为异构横向联邦学习定制化的乘法和比较协议，极大提高了执行效率。具体来说：（1）本章设计了一种基于伪随机函数的新型乘法协议，不仅适用于具有跨用户通信限制的现实场景，而且是极其高效的，仅通信 3 个环元素；（2）本章提供了一种基于高级加法器的定制化比较协议，例如并行前缀加法器[91]（parallel-prefix adder，简称 PPA）。利用加法器评估比较操作的主要原因是，加法器中仅包含 AND和 XOR 门，其中 AND 门可以根据上述乘法协议高效计算，XOR 门在密文环境下的评估则是几乎无开销的。此外，本章为设计的协议提供了全面的安全性分析，并在不同数据集（SVHN、CIFAR10、Tiny ImageNet）、系统配置（IID 和 Non-IID 训练集）和异构模型（VGG 系列、ResNet 系列）上评估了所提框架的性能。

综上所述，本章工作的主要贡献可总结如下。

（1）本章提出了一个高效且保护隐私的横向联邦学习方案。该方案支持模型异构性，并保证了用户数据和异构模型的机密性。

（2）本章设计了一种轻量级的安全查询方案，作为密文环境下异构横向联邦学习的关键构建块。该方案的核心是定制化的乘法和比较协议。

（3）本章在不同实验设置下评估了所提方案的性能，并与其他实例化方法进行了全面比较，以展示所提方案的优越性。

3.2 系统模型与威胁模型

本章提出了一个保护隐私的异构横向联邦学习方案，方案包括 1 个云服务器 S 和 n 个用户。在每轮迭代训练中，各个实体的具体任务如下所述，其中查询方记为 P_Q，响应方记为 P_A。

1. 云服务器 S：作为用户间信息传递的桥梁，云服务器接收查询方的预测样本，并将其转发给所有响应方；同时接收并聚合响应方返回的响应预测，并将聚合结果转发给查询方。

2. 查询方 P_Q：从辅助数据集中选取查询数据，并将查询数据作为预测样本发送给云服务器；接收到云服务器返回的聚合结果后，利用查询数据和相应的预测结果重训练本地模型。

3. 响应方 P_A：接收到云服务器转发的预测样本后，利用本地模型对这些样本进行预测，返回预测结果给云服务器。

在每轮迭代中，用户可以同时扮演查询方和响应方两个角色，直到本地模型满足预定义的精确度要求。需要特别注意的是，正如现有研究所示[22-23]，云服务器负责在用户之间传递消息，因为用户（例如移动设备）相互之间通常无法建立直接的通信信道。本章所提方案中每轮迭代的工作流程如图 3-2 所示。

图 3-2　保护隐私的异构横向联邦学习方案工作流程

与先前保护隐私的联邦学习工作[3,27,92]一致，本章考虑半诚实的敌手设置[93]，其中每个实体(包括用户和云服务器)严格遵循协议设计的规定，但尝试根据获取到的数据推断其他用户的隐私信息。此外，为了维护其声誉并提供更多服务，本章假设云服务器不会与任何用户勾结，即攻击者可能控制云服务器或一部分用户，但不会同时控制云服务器和用户。

3.3 保护隐私的异构横向联邦学习方案

本章所提方案是基于第2.2.2节所述的标准异构横向联邦学习系统构建的，并通过密码学技术为其提供了全面的隐私保护。与标准的异构横向联邦学习类似，所提方案包括三个阶段：本地训练、安全查询和本地重训练。由于在本地训练和本地重训练中各个实体之间没有交互，因此不存在隐私泄露风险。下面，重点介绍方案的核心构建模块，即安全查询。本章利用轻量级的秘密分享技术和伪随机函数设计了一个定制化的安全查询方案，该方案分解为三个步骤：安全的查询数据共享、安全的异构模型预测和安全的预测结果聚合。详细的安全预测流程见算法3-1。

具体来说，P_Q首先使用数据增强策略在本地构建查询样本(见第3.3.4节)。由于查询样本蕴含了隐私训练数据的语义信息，因此不能直接发送给云服务器。因此，本章利用提供的安全查询数据共享协议(见第3.3.1节)对查询样本进行秘密分享，分享结果被分别发送给云服务器和P_A。随后，P_A、P_Q和云服务器基于分享结果和P_Q处的本地模型共同执行提供的安全异构模型预测协议(见第 3.3.2 节),以获得秘密分享的预测结果。最后,安全的预测结果聚合协议(见第 3.3.3 节)被调用,该协议以秘密分享的预测结果作为输入,并将聚合后的结果返回给 P_Q。在介绍上述三个步骤的具体评估协议之前,首先在表 3-1 中给出所提方案与先前工作在功能性上的对比。

算法 3-1 保护隐私的异构横向联邦学习方案

> **参数**:用户数 n,迭代次数 $iter$,查询样本数 B,当前查询-应答阶段被选中的响应方集合 C。
>
> **输入**:每个用户 P_j 拥有一个隐私数据集 D_j 和一个定制化的本地模型 M_j,其中 $j \in [n]$,一个辅助数据集 D。
>
> **输出**:训练后的模型 M_j,其中 $j \in [n]$。

1. **for** 每轮迭代 **do**

2.   **for** 每个查询方 P_Q^j,其中 $j \in [n]$

3. P_Q^j 从辅助数据集 D 中随机采样查询数据 $\{x_b\}_{b \in [B]}$,该辅助数据集可通过第 3.3.4 节中给出的数据增强策略获得;

4.   **for** 每个响应方 P_A^i,其中 $i \in |C|$ **do**

5. P_Q^j 将 $\{[x_b]\}_{b \in [B]}$ 秘密分享给 P_A^i 和云服务器,可通过第 3.3.1 节给出的协议 Π_{Share} 实现;

6. P_A^i,P_Q^j 和云服务器共同执行第 3.3.2 节中给出的安全预测协议;

7. P_A^i 将预测结果 $\{[y_b^i]\}_{b \in [B]}$ 秘密分享给 P_Q 和云服务器;

8.   **end**

9. P_Q^j 获得 $\{y_b\}_{b \in [B]}$,其中 $y_b = \sum_{i \in C} y_b^i$,可通过第 3.3.3 节中给出的协议 Π_{Agg} 实现;

10. P_Q^j 利用查询数据集 $\{x_b, y_b\}_{b \in [B]}$ 以及本地隐私数据集 D_j 重训练 M_j。

11.   **end**

12.   end

表 3-1　与现有联邦学习工作在功能性上的比较

方案	机密性		可用性		效率	
	数据	模型	模型	有/无数据集	GPU	协议
	隐私	隐私	异构性	依赖	兼容性	效率
KVB17[22]	√	×	×	√	×	√
HAA20[23]	√	×	×	√	×	√
SAR21[24]	√	√	×	√	×	×
EJV21[25]	√	×	×	√	×	√
FedMD[9]	×	√	√	×	√	–
CaPC[3]	√	√	√	×	×	×
TLU20[20]	×	×	√	×	√	–
LL21[27]	×	√	√	×	×	√
HeteroFL[21]	×	×	√	√	√	–
本章方案	√	√	√	√	√	√

3.3.1　安全的查询数据共享

为了能够基于轻量级的秘密分享技术进行安全的异构模型预测，P_Q 首先将查询数据 x 与云服务器和 P_A 进行秘密分享。考虑到 P_Q 和 P_A 之间的通信限制，本章利用伪随机函数（PRF）来秘密分享 x。具体来说，首先为 P_Q、P_A 和云服务器各构造一对 PRF 种子，分别表示为 Sk_{QA}、Sk_{SA} 和 Sk_{SQ}，用于在两方之间无须交互地生成相同的随机数，具体生成方法见算法 3-2。随后，基于 PRF 种子，P_Q 便可使用算法 3-3 所示的协议 Π_{Share} 将查询数据 x 进行秘密分享，该协议仅需通信一个环元素。

算法 3-2 安全的 PRF 种子生成协议 Π_{Seed}

参数：一个 Diffie-Hellman 密钥交换协议(DH. param，DH. gen，DH. agree)。

输出：P_Q、P_A 和云服务器分别得到一对 PRF 种子(Sk_{QA}，Sk_{SQ})、(Sk_{SQ}，Sk_SA)和(Sk_{QA}，Sk_{SA})。

1. P_Q、P_A 和云服务器本地运行 DH. param(k)→(G，g，q，H)，生成一个素数阶为 q 的群 G，以及一个生成元 g 和一个哈希函数 H_i

2. P_Q 运行 DH. gen(G，g，q，H)→(K_Q，A)，其中 $K_Q \in G$ 且 $A = g^{KQ}$，同时，P_A 运行 DH. gen(G，g，q，H)→(K_A，B)，其中 $K_A \in G$ 且 $B = g^{KA}$；

3. 云服务器从 G 中随机采样 SK_{SQ} 和 SK_{SA}；

4. P_Q 和 P_A 分别将 A 和 B 发送给云服务器；

5. 云服务器将(B，SK_SQ)发送给 P_Q，将(A，SK_SA)发送给 P_A；

6. P_Q 和 P_A 分别执行 DH. agree(K_Q，B，H)和 DH. agree(K_A，A，H)得到 SK_{QA}。

算法 3-3 安全的查询数据共享协议 Π_{Share}

参数：一个 PRF 方案，一个环 Z_{2^t}。

输入：P_Q 拥有查询数据 x 和 PRF 种子 $SK_{Q}A$，P_A 拥有 PRF 种子 SK_{QA}。

输出：云服务器和 P_A 分别得到$[x]_1$和$[x]_0$，满足$[x]_1 + [x]_0 = x \in Z_{2^t}$。

1. P_Q 和 P_A 本地调用 PRF(SK_{QA})得到 r，P_A 设置$[x]_0 = r$；

2. P_Q 计算 $b = x - r$ 并将其发送给云服务器，云服务器设置$[x]_1 = b$。

3.3.2 安全的异构模型预测

在该步骤中，云服务器和 P_A 在 P_Q 的协助下对秘密分享的查询数据执行安全的异构模型预测。与先前的安全预测方案[52,60]一致，本章考虑 P_A 处的神经网络模型包括三种类型的层：线性层、ReLU 和最大池化。在评估模型的每一层时，协议应保持以下不变性：云服务器和 P_A 基于秘密分享的输入开始评估，并在每一层结束时以相同环上的输出秘密分享结束协议。这使得本章提出的保护隐私的异构横向联邦学习方案可以顺序地将所提协议串接起来，以获得一个完整的安全预测协议。接下来详细阐述针对这三个不同层的定制化协议设计。

1. 线性层。 线性层包括全连接、卷积和批归一化等多种类型，其核心是乘法操作[52,87]。为了优化通信效率并适应通信受限的联邦学习环境，本章设计了一个定制化的矩阵乘法协议 Π_{Matmul}。具体来说，如算法 3-4 所示，P_A 和云服务器旨在计算 $w \cdot x$，其中模型参数 w 由 P_A 持有，x 的秘密分享 $[x]_0$ 和 $[x]_1$ 由 P_A 和云服务器分别持有。由于 $w \cdot x = w \cdot [x]_0 + w \cdot [x]_1$，故 P_A 可以在本地计算 $w \cdot [x]_0$。为了评估 $w \cdot [x]_1$，P_Q 首先使用 PRF 生成三个随机数 a、b 和 $[c]_0$，然后计算 $[c]_1$ 并发送给云服务器，其中 $[c]_1$ 在环 $\mathbb{Z}_{2^\ell}$ 上满足 $[c]_0 + [c]_1 = a \cdot b$。在约束条件 $c = a \cdot b$ 下的 $(a, b, [c]_0, [c]_1)$ 可以看作是 Beaver 乘法三元组的一种变体（关于乘法三元组的描述参阅第 2.3.1 节）。与此同时，云服务器调用 PRF 使用种子 SK_{SQ} 生成相同的随机数 b，同样地，P_A 调用 PRF 生成相同的随机数 a 和 $[c]_0$。然后，P_A 和云服务器可以通过一轮交互分别学习到 $[y]_0$ 和 $[y]_1$（即 $w \cdot x$ 的秘密分享）。整体来看，该协议的通信开销为 3ℓ 比特，通信轮次为 1 轮。

算法 3-4 安全的乘法协议 Π_{Matmul}

参数：一个 PRF 方案，一个环 Z_{2^ℓ}。

输入：P_Q 拥有一对 PRF 种子 (SK_{QA}, SK_{SQ})，云服务器拥有输入的一个分享 $[x]_1$ 和 PRF 种子 SK_{SQ}，P_A 拥有模型参数 w，输入的另一个分享 $[x]_0$ 和 PRF 种子 SK_{QA}。

输出：云服务器和 P_A 分别得到 $[y]_1$ 和 $[y]_0$，满足 $[y]_1 + [y]_0 = w \cdot x \in Z_{2^\ell}$。

1. P_Q 调用 $PRF(SK_{QA})$ 得到 $(a, [c]_0)$，并调用 $PRF(SK_{SQ})$ 得到 b；

2. P_A 调用 $PRF(SK_{QA})$ 得到 $(a, [c]_0)$；

3. 云服务器调用 $PRF(SK_{SQ})$ 得到 b；

4. P_Q 和 P_A 分别计算 $[c]_1 = ab - [c]_0$ 和 $e = w + a$，并将两者发送给云服务器；

5. 云服务器计算 $f = [x]_1 - b$，并将 f 发送给 P_A；

6. 云服务器计算 $[y]_1 = eb - [c]_1$，同时 P_A 计算 $[y]_0 = w[x]_0 + wf - [c]_0$。

需要注意的是，与现有工作[52,60]类似，为了与密码协议兼容，本章协议均使用固定点表示，其中需要在每次乘法操作后对结果进行截断，以防止溢出。与现有的研究一致[53,87]，本章使用 SecureML[46] 中给出的截断方法，简单地在固定点值上截断多余的最低有效比特。该截断方法以概率 $2^{\ell_x+1-\ell}$ 在小数部分产生 1 比特的误差，其中 ℓ_x 代表小数部分的比特长度，ℓ 是秘密分享环的大小。在本章方案中，$\ell_x = 20$，$\ell = 64$，因此截断操作可能以 10^{-6} 的概率发生约 $\frac{1}{2^{43}}$ 的错误，这是可以忽略不计的。

2. ReLU。给出一个输入 x，ReLU 激活函数可被表示为

$$\text{ReLU}(x) = x \cdot (1 \oplus \text{MSB}(x)), \tag{3-1}$$

其中当 $x \geq 0$ 时，$\text{MSB}(x)$ 等于 0，否则 $\text{MSB}(x)$ 等于 1。因此，ReLU 评估包括 MSB（即比较）操作和乘法操作。下文首先提供了一个基于高级加法器构造的定制化 MSB 协议，然后描述了随后的乘法评估实现。具体来说，本章使用并行前缀加法器 PPA[91] 进行协议构建。基于 PPA 的解决方案也在现有的工作中被使用[94-95]，但本章工作中提供了更高效的定制化设计。

具体来说，给出 $[x]_0 = e_\ell \parallel \cdots \parallel e_1$ 和 $[x]_1 = f_\ell \parallel \cdots \parallel f_1$，一个 ℓ 比特的加法器被用来对于每个 $i \in [1, \ell]$ 执行二进制加法 $e_i + f_i$，以产生进位比特 $c_\ell, \cdots, c_1$。x 的 MSB 可以通过计算 $\mathrm{MSB}(x) = e_\ell \oplus f_\ell \oplus c_\ell$ 得到。因此，关键任务被转换为计算 c_ℓ，显然，$c_\ell = c_{\ell-1} \wedge (e_{\ell-1} \oplus f_{\ell-1}) \oplus (e_{\ell-1} \wedge f_{\ell-1})$。此外，PPA 定义了一组进位信号元组 $\{(g_i^0, p_i^0)\}_{i \in [1, \ell]}$，并且对每个 $i \in [1, \ell]$，PPA 设置 $g_i^0 = e_i \wedge f_i$ 和 $p_i^0 = e_i \oplus f_i$。因此，c_ℓ 可以表示为

$$c_\ell = g_{\ell-1}^0 \oplus (p_{\ell-1}^0 \wedge g_{\ell-2}^0) \oplus \cdots \oplus (p_{\ell-1}^0 \wedge \cdots \wedge p_2^0 \wedge g_1^0), \tag{3-2}$$

PPA 通过构造一个深度为 $\log \ell$ 的布尔电路计算上式，其中输入为 $\{(g_i^0, p_i^0)\}_{i \in [1, \ell]}$。对于 $n \in [1, \log \ell]$，布尔电路中深度为 n 的层中每个节点 k 执行以下操作：

$$g_k^n = g_{j+1}^{n-1} \oplus (g_j^{n-1} \wedge p_{j+1}^{n-1})$$
$$p_k^n = p_{j+1}^{n-1} \wedge p_j^{n-1}, \tag{3-3}$$

换句话说，该节点将两个相邻的进位信号元组 $(g_{j+1}^{n-1}, p_{j+1}^{n-1})$ 和 (g_j^{n-1}, p_j^{n-1}) 作为输入，并输出一个进位信号元组 (g_k^n, p_k^n)。最终，所构造的布尔电路输出 $g_1^{\log \ell}$，这恰好等于 c_1，因此下式成立。

$$\mathrm{MSB}(x) = e_\ell \oplus f_\ell \oplus g_1^{\log \ell}. \tag{3-4}$$

在上述电路评估中，可以巧妙地利用算法 3-4 所示的乘法协议来安全地评估 AND 门。具体来说，对于 $n \in [1, \log \ell]$，用于生成进位信号元组 (g_k^n, p_n^k) 的 AND 操作可以形式化为

$$([a]_0^B \oplus [a]_1^B) \wedge ([b]_0^B \oplus [b]_1^B)$$
$$= ([a]_0^B \wedge [b]_0^B) \oplus ([a]_1^B \wedge [b]_1^B) \oplus ([a]_1^B \wedge [b]_0^B) \oplus ([a]_0^B \wedge [b]_1^B)$$

$$\tag{3-5}$$

其中，前两项分别由 P_A 和云服务器在本地计算，后两项可通过分别调用协议 Π_{Matmul} 获得。此外，对于 $g_i^0 = e_i \wedge f_i$ 的评估，其中 $i \in [1, \ell]$，由于云服务器拥有 f_i 且 P_A 拥有 e_i，因此参与方只需共同调用协议 Π_{Matmul} 一次即可获得 $[g_i^0]$。整体来看，这种方法包含 $3\ell - 4$ 个 AND 门，通信开销为 $15\ell - 24$ 比特，通信轮次为 $\log \ell + 1$ 轮。算法 3-5 给出了本章提供的 MSB 协议 Π_{msb}

的详细构造。

算法 $3-5$　安全的最高有效位协议 Π_{msb}

　　参数：算法 $3-8$ 中的理想函数 F_{Matmul}。

　　输入：P_A 和云服务器拥有秘密分享的输入 $[x]$。

　　输出：P_A 和云服务器获得布尔分享的输出 $[\mathrm{MSB}_{(x)}]^B$。

1. P_A 和云服务器初始化两个 ℓ 维的向量 g^* 和 p^*，其中 g_i^* 和 p_i^* 分别指示 g^* 和 p^* 的第 i 个位置；

2. P_A 和云服务器分别对输入分享 $[x]_0$ 和 $[x]_1$ 进行比特分解得到 $\{e_\ell, \cdots, e_1\}$ 和 $\{f_\ell, \cdots, f_1\}$，满足 $[x]_0 = e_\ell \parallel \cdots \parallel e_1$ 且 $[x]_1 = f_\ell \parallel \cdots \parallel f_1$；

3. 对于每个 $i \in [\ell]$，P_A，P_Q 和云服务器调用理想函数 F_{Matmul}，其中输入为 e_i 和 f_i，该理想函数返回 $[g_i^*]^B$ 给 P_A 和云服务器；

4. 对于每个 $i \in [\ell]$，P_A 设置 $[p_i^*]_0^B = e_i$，云服务器设置 $[p_i^*] = f_i$；

5. **for** $r \in [2, \log \ell + 1]$ **do**

6. 　　**if** $r = 2$ **then**

7. 　　　　对于 $i \in [2, \frac{\ell}{2}]$，$P_A$，$P_Q$ 和云服务器调用两次理想函数 Π_{Matmul}，其中输入为 $[g_{2i-2}^*]^B$ 和 $[p_{2i-1}^*]^B$，该理想函数返回 $[t_i]^B$ 给 P_A 和云服务器；

8. 　　　　云服务器和 P_A 计算 $[g_i^*]_1 = [g_{2i-1}^*] \oplus [t_i]$；

9. 　　　　对于 $i \in [2, \frac{\ell}{2}]$，$P_A$，$P_Q$ 和云服务器调用两次理想函数 Π_{Matmul}，其中输入为 $[p_{2i-1}^*]^B$ 和 $[p_{2i-2}^*]^B$，该理想函数返回 $[p_i^*]^B$ 给 P_A 和云服务器；

10. 　　**end**

11. 　　**else**

12. 　　　　对于 $i \in [1, \frac{\ell}{2r-1}]$，$P_Q$ 和云服务器调用两次理想函数 Π_{Matmul}，其中输入为 $[g_{2i-1}^*]^B$ 和 $[p_{2i}^*]^B$，该理想函数返回 $[t_i]^B$ 给 P_A 和云服务器；

13.　　　云服务器和 P_A 计算 $[g_i^*]_1 = [g_{2i}^*] \oplus [t_i]$；

14.　　　对于 $i \in \left[1, \dfrac{\ell}{2r-1} \right]$，$P_Q$ 和云服务器调用两次理想函数 Π_{Matmul}，其中输入为 $[p_{2i}^*]^B$ 和 $[p_{2i-1}^*]^B$，该理想函数返回 $[p_i^*]^B$ 给 P_A 和云服务器。

15.　　end

16. end

获得最高有效位的秘密分享 $[\text{MSB}(x)]^B$ 后，需要计算 $[x] \cdot (1 \oplus [\text{MSB}(x)]^B)$，即 $\text{ReLU}(x)$ 的秘密分享。给出 $z_0 = [\text{MSB}(x)]_0^B$ 和 $z_1 = 1 \oplus [\text{MSB}(x)]_0^B$，下式成立

$$
\begin{aligned}
\text{ReLU}(x) &= ([x]_0 + [x]_1)(z_0 + z_1 - 2z_0 z_1) \\
&= z_0 [x]_0 + z_1 [x]_1 + z_1 (1 - 2z_0)[x]_0 + z_0 (1 - 2z_1)[x]_1.
\end{aligned}
$$

$$(3\text{-}6)$$

该式中前两项可以由 P_A 和云服务器分别在本地进行计算，后两项则可调用本章提供的乘法协议 Π_{Matmul} 进行评估。以 $z_1(1 - 2z_0)[x]_0$ 为例，协议 Π_{Matmul} 的输入为 P_A 提供的 $t_0 = (1 - 2z_0)[x]_0$ 和云服务器提供的 z_1，输出为 $[t_0 z_1]_0$ 和 $[t_0 z_1]_1$，其中 $[t_0 z_1]_0$ 被发送给 P_A，$[t_0 z_1]_1$ 被发送给云服务器。最后，P_A 和云服务器学习到 $[y] = [\text{ReLU}(x)]$。详细的安全 ReLU 协议 Π_{ReLU} 见算法 3-6。

　　3. 最大池化。最大池化操作可使用协议 Π_{ReLU} 进行评估，同时还可使用树型结构来优化通信轮次。在基于树形结构的评估中，最大池中的所有元素被递归地分成两份，然后在每份中进行递归比较。具体来说，参与方将 m 个元素的输入排列成深度为 $\log m$ 的二叉树，并以自顶向下的方式评估树。在对两个秘密分享的元素 $[x]$ 和 $[y]$ 的比较中，本章观察到 $\max([x], [y]) = \text{ReLU}([x] - [y]) + [y]$。因此，最大池化评估的复杂度主要来自于 $m - 1$ 个 ReLU 评估。此外，正如先前工作[53,87]所示，平均池化可以在本地

计算而无须通信。

算法3-6 安全的 ReLU 协议 Π_{ReLU}

    参数：算法 3-8 中的理想函数 F_{Matmul} 和 F_{msb}。

    输入：P_A 和云服务器拥有秘密分享的输入 $[x]$。

    输出：P_A 和云服务器获得秘密分享的输出 $[y]$，满足 $y = \text{ReLU}(x)$。

1. P_A 和云服务器调用理想函数 F_{msb}，其中输入为秘密分享的 $[x]$，该理想函数返回 $[\text{MSB}(x)]^B$ 给 P_A 和云服务器；

2. P_A 设置 $z_0 = [\text{MSB}(x)]_0^B$，并计算 $t_0 = (1 - 2z_0)[x]_0$；

3. 云服务器计算 $z_1 = [\text{MSB}(x)]_1^B \oplus 1$ 和 $t_1 = (1 - 2z_1)[x]_1$；

4. P_A 和云服务器调用两次理想函数 F_{Matmul}，其中输入分别为 (z_0, t_0) 和 (z_1, t_1)，该理想函数分别返回 $([t_0z_1]_1, [t_1z_0]_1)$ 和 $([t_0z_1]_0, [t_1z_0]_0)$ 给 P_A 和云服务器；

5. 云服务器计算 $[y]_1 = z_1[x]_1 + [t_0z_1]_1 + [t_1z_0]_1$；

6. P_A 计算 $[y]_0 = z_0[x]_0 + [t_0z_1]_0 + [t_1z_0]_0$。

3.3.3 安全的预测结果聚合

当对查询样本进行安全预测后，预测结果 $[x_i]$ 在云服务器和每个响应方 P_A^i 之间进行秘密分享，其中 $i \in [C]$，且 C 是当前查询-响应阶段中的响应方集合。为了防止公开预测结果给云服务器或查询方带来的隐私泄露问题[84,96-97]，本章通过算法 3-7 中的安全聚合协议 Π_{Agg} 将聚合的预测结果返回给 P_Q。具体来说，P_A^i 和 P_Q 首先基于 PRF 生成一个相同的随机值 r_i。接下来，每个 P_A^i 计算并发送 $[x_i]_0 - r_i$ 给云服务器。最后，云服务器将所有接收到的值相加，并将添加掩码后的聚合结果发送给 P_Q，后者在本地便可重

构出明文下的聚合预测结果。该协议的通信开销为 $|C|+1$ 个环元素。

上述所有协议的理想函数见算法 3-8。基于上述协议，本章可构建一个完整的支持模型异构的横向联邦学习安全预测方案。图 3-3 展示了端到端的安全预测流程，其中输入是一个秘密分享的样本 $[x]$。整个过程保持以下不变性：云服务器和 P_A 以输入的秘密分享开始，评估完每一层后，以在相同环上的输出秘密分享结束。显然，本章所提方案的半诚实安全性可从各个层之间的顺序可组合性中得出。具体来说，$[x]$ 首先通过一个卷积层，该层可被形式化为使用算法 3-4 中的协议 Π_{Matmul} 进行的安全矩阵乘法操作 $w_1 \cdot [x]$（w_1 是该层模型参数）。该层的秘密分享输出 $[y_1]_0$ 和 $[y_1]_1$ 分别由 P_A 和云服务器获得。对于随后的 ReLU 层，方案调用算法 3-6 中的协议 Π_{ReLU}，该协议分别返回 $[y_2]_0$ 和 $[y_2]_1$ 给 P_A 和云服务器。然后，对 $[y_2]$ 进行最大池化得到秘密分享的值 $[y_3]_0$ 和 $[y_3]_1$，这可通过调用在第 3.3.2 节中给出的方案进行评估。当安全预测到达最后的全连接层时，其输入为 $[y_{n-1}]_0$ 和 $[y_{n-1}]_1$，通过执行协议 Π_{Matmul} 便可完成该层评估。最后，P_A 和云服务器分别获得秘密分享的预测结果，即 $[y]_0$ 和 $[y]_1$。

算法 3-7 安全的聚合协议 Π_{Agg}

参数：一个 PRF 方案。

输入：每个响应方 P_A^i 和云服务器共同拥有秘密分享的输入 $[x_i]$，其中 $i \in |C|$，P_Q 和 P_A^i 拥有相同的 PRF 种子 SK_{QA}。

输出：P_Q 获得聚合结果 y，满足 $y = \sum_{i \in C} x_i$。

1. P_Q 和 P_A^i 调用 $\text{PRF}(SK_{QA})$ 生成相同的随机数 r_i；

2. 对于 $i \in |C|$，P_A^i 计算 $k_i = [x_i]_0 - r_i$，并将 k_i 发送给云服务器；

3. 云服务器聚合 $k = \sum_{i \in C}(k_i + [x_i]_1)$，并将 k 发送给 P_Q；

4. P_Q 计算 $y = k + \sum_{i \in C} r_i$。

算法 3-8 本章所提协议对应的理想函数

参数： 一个算术环 Z_{2^ℓ} 和一个布尔环 Z_2。

1 **查询数据共享理想函数** F_{Share}：对于来自 P_Q 的输入 x，采样 $[x]_0 \in Z_{2^\ell}$ 并将 $[x]_0$ 发送给 P_A，计算 $[x]_1 = x - [x]_0 \in Z_{2^\ell}$ 并将 $[x]_1$ 发送给云服务器；

2 **乘法理想函数** F_{Matmul}：对于来自云服务器的输入 $[x]_1 \in Z_{2^\ell}$ 和来自 P_A 的输入 $[x]_0 \in Z_{2^\ell}$ 和 w，采样 $[y]_0 \in Z_{2^\ell}$ 并将 $[y]_0$ 发送给 P_A，计算 $[y]_1 = wx - [y]_0 \in Z_{2^\ell}$ 并将 $[y]_1$ 发送给云服务器；

3 **最高有效位理想函数** F_{msb}：对于来自云服务器的输入 $[x]_1 \in Z_{2^\ell}$ 和来自 P_A 的输入 $[x]_0 \in Z_{2^\ell}$，采样 $[msb(x)]_0^B \in Z_2$ 并将 $[msb(x)]_0^B$ 发送给 P_A，计算 $[msb(x)]_1^B = msb(x) \oplus [msb(x)]_0^B \in Z_2$ 并将 $[msb(x)]_1^B$ 发送给云服务器；

4 **ReLU 理想函数** FReLU：对于来自云服务器的输入 $[x]_1 \in Z_{2^\ell}$ 和来自 P_A 的输入 $[x]_0 \in Z_{2^\ell}$，采样 $[y]_0 \in Z_{2^\ell}$ 并将 $[y]_0$ 发送给 P_A，计算 $[y]_1 = ReLU(x) - [y]_0 \in Z_{2^\ell}$ 并将 $[y]_1$ 发送给云服务器；

5 **聚合理想函数** F_{Agg}：对于来自云服务器的 $|C|$ 个输入 $[x_i]_1 \in Z_{2^\ell}$，$i \in |C|$，和来自 P_A^i 的输入 $[x_i]_0 \in Z_{2^\ell}$，计算 $y = \sum_{i=1}^{|C|} x_i$ 并将 y 发送给 P_Q。

3.3.4 讨论

1. 扩展现存的安全查询方案到支持模型异构的横向联邦学习。 为了在半诚实敌手存在的设置中实现数据机密性保证，用户和云服务器需要安全地执行查询-响应过程。尽管该过程包含三个实体，即 P_Q、云服务器和 P_A，但直接将现有的安全三方计算协议[87-88,98-99]扩展为该过程并非易事。主要原因是在现实的异构横向联邦学习场景中，P_Q 和 P_A 之间缺乏直接通信的能力[22-23]，这阻碍了在异构横向联邦学习中使用这些基于安全三方计算的解决方案，除非重新设计基础协议并对其相应的实现进行底层修改。一种可能的实例化方法是使用云服务器作为通信媒介，并通过自适应的协议设计将基于安全两方计算协议的解决方案[52,60]扩展到异构横向联邦学习中，如图3-3所示。下面，本书将这些方案分为三类，即仅基于不经意传输技术的协议，仅基于同态加密技术的协议，以及混合协议，并给出相应的扩展方法。

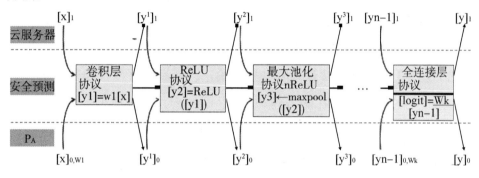

图 3-3　端到端的安全模型预测协议流程

　　为了将仅基于不经意传输的安全查询协议(如 CrypTFlow2[60])扩展到异构横向联邦学习中，P_Q 首先使用第3.3.1 节中的协议将查询样本秘密共享给云服务器和 P_A。然后，云服务器和 P_A 基于 CrypTFlow2[60] 提出的方法执行安全预测。之后，采用第3.3.3 节中的安全聚合协议，将聚合的预测结果返回给 P_Q。尽管基于不经意传输的方案可以通过结合本书提供的部分协议扩展到异构横向联邦学习设置，但由于使用了不经意传输原语，这种扩展所需的通信轮次高。

　　为了将仅基于同态加密技术的安全查询协议[45,100]扩展到异构横向联邦学习，P_Q 首先对查询样本进行加密，并请求服务器将其传递给 P_A。之后，P_A 在密文环境中非交互地评估安全预测。然后，P_A 将加密的预测结果发送给服务器。服务器利用同态加密的加法同态性对这些加密的预测结果进行聚合，并将聚合结果发送给 P_Q。P_Q 利用私钥进行解密便可得到最终的聚合预测。虽然将基于同态加密技术的安全预测协议扩展到通信受限的环境下是简单的，但这种扩展存在两个关键问题：(1)激活函数需要近似为低阶多项式，这将导致不可忽略的准确性损失；(2)基于同态加密的安全预测协议由于固有的高计算复杂度而难以扩展到大规模模型。

对于使用同态加密技术评估线性层，同时使用不经意传输技术或混淆电路技术评估非线性层的混合安全查询协议，例如 Cheetah[52]，本章分别讨论每一层的扩展算法。首先，对于线性层，（1）P_Q 使用同态加密技术对查询样本进行加密，并通过服务器将密文发送给 P_A（更准确地说，这一步操作是针对输入线性层的评估。在隐藏线性层，输入分享应由服务器加密并发送给 P_A）。（2）P_A 本地评估线性层，并通过服务器将加密的掩码输出返回给 P_Q。（3）P_Q 解密以获得明文掩码输出，然后将其发送给服务器。至此，线性层的掩码输出在服务器和 P_A 之间秘密共享。其次，对于非线性层，鉴于服务器和 P_A 持有线性层输出的秘密分享，双方可直接调用基于不经意传输技术的协议来评估非线性函数。因此，这种扩展需要沉重的计算和通信复杂性。

综上所述，尽管现有的安全两方计算协议可以直接扩展到跨用户通信限制下的异构横向联邦学习环境，但由于缺乏定制化的协议和采用繁重的加密原语，它们牺牲了效率。因此，为异构横向联邦学习设计一个高效的加密框架是十分必要的。受到这些挑战的启发，本章设计了各种轻量级和定制化的协议，以提高安全查询阶段的效率。

2. **区分本章方案与其他隐私设置。** 本章方案符合标准的支持模型异构的横向联邦学习范式[9]，并且额外地提供了可证明安全的隐私保护。本章方案是首个保护隐私的异构横向联邦学习框架，并与现有的保护隐私的训练方法不同。后者可以分为两类：保护隐私的横向联邦学习[22-23]，以及安全多方训练[64,88]。以下是详细分析。（1）与保护隐私的横向联邦学习的比较。在护隐私的横向联邦学习中，每个用户利用其隐私训练数据训练本地模型并计算梯度，然后在服务器端执行安全聚合协议，以聚合本地梯度并更新全局模型。然而，如引言中所述，由于用户端模型的异构性，安全梯度聚合在异构横向联邦学习中无法实现。相反，本章方案遵循通用的异构横向联邦学习训练范式[9]，其包含三个步骤：本地训练、查询和本地重训练。本章方案专注于解决查询阶段引起的隐私问题，主要提出了查询数据集生成（参见第 3.3.4 节）和安全查询协议（参见第 3.3.1 节至第 3.3.3 节）。

（2）与安全多方训练的比较。安全多方训练通常是一种外包训练设置，其中资源受限的用户端将整个训练任务以保护隐私的方式外包给多个不勾结的服务器。它需要一个安全的训练协议来最终产生一个训练有素的模型。与安全多方训练不同，本章方案使多个用户能够协作并安全地训练其定制化的模型，这些模型可能在大小和结构上有所不同。此外，如上所述，通用的异构横向联邦学习范式包含三个步骤：本地训练、查询和本地重训练，其中本地训练和重训练阶段是在用户本地进行评估而不暴露隐私。因此，保护隐私的异构横向联邦学习需要一个安全查询协议（即一个定制化的安全预测协议）。

3. 查询数据构造。 与现有的依赖额外辅助数据集作为查询数据的异构横向联邦学习工作不同[3,20]，本章所提方案可以利用本地隐私训练数据通过特定的数据构造策略来生成查询数据集，以缓解公共辅助数据集在隐私、获取和存储等方面的固有限制。这也证明了在本章所提方案中进行模型知识迁移的可行性。与众所周知的知识蒸馏策略[65]类似，一个简单的查询数据集构造方法是直接使用本地隐私训练数据进行查询。进一步地，本章还可通过 Mixup[101] 等方法构造一个合成数据集。合成数据集构造是一种通用和模块化的方法，可以通过高级的数据增强策略进行实例化，例如 Cutmix[102]、Cutout[103]、Mixup[101]。具体来说，Cutmix[102] 被定义为 $\tilde{x}_{i,j} = M \cdot x_i + (1-M) \cdot x_j$，其中 $M \in \{0, 1\}^{W \times H}$ 是一个大小为 $W \times H$ 的二进制掩码矩阵，用于指示两个图像 x_i 和 x_j 的丢弃和填充位置。Cutout[103] 通过对原始样本进行部分遮挡来增广数据集。Mixup[101] 通过对具有不同系数 λ 的两个图像 x_i 和 x_j 进行凸组合来构造合成样本，其中 $\tilde{x}_{i,j} = \lambda \cdot x_i + (1-\lambda) \cdot x_j$。值得注意的是，数据增强的过程不会泄露任何私人信息，因为样本是由查询方基于本地训练数据构建的，不涉及其他方和他们的隐私数据集。

4. 利用 GPU 进行高效评估。 本章提供的密码学方案与 GPU 兼容，并且可以通过高度优化的 CUDA 核心进行评估和处理[88]。通过上述几节给出的详细密码协议可以观察到，本章提供的加密协议仅涉及简单的向量化算术运算，而不涉及先前工作中普遍采用的同态加密和混淆电路技术[3,52,60]。因此，本章所提方案适用于批量查询设置（即同时执行多个查询），其摊销开销较低。本章在第 3.5.2 节中展示了在 GPU 上进行协议评估的性能，并在图 3-4 中展示了应用 GPU 加速后相对于 CPU 带来的效率提升。

3.4 安全性分析

直观上，本章提供的安全异构横向联邦学习只向查询方 P_Q 展示了聚合的预测结果，而不包含响应方 P_A 的模型参数，同时，云服务器和 P_A 也不会获取关于查询方数据的任何信息。这是因为整个方案中所有中间值都是秘密分享的。接下来，本章将给出一个正式的安全性分析。

本章的安全性证明遵循标准的理想世界/真实世界范式[104]：在真实世界中，三方（即云服务器、P_Q 和 P_A）根据预先设定的协议规范进行交互，而在理想世界中，这三方可以访问算法 3-8 中展示的理想函数。当一个协议调用另一个子协议时，本章通过将子协议替换为相应的理想函数，并使用 F-混合模型进行安全性证明。两个世界中的执行由一个环境 Env 协调，环境选择各个参与方的输入，并充当真实世界和理想世界之间的辨别者。下文中将证明真实世界中的分布与理想世界中的分布在计算上无法区分。

定理 3.1　算法 3-3 中的协议 Π_{Share} 在 F_{PRF} 混合模型下安全的实现了算法 3-8 中的理想函数 F_{Share}。

证明：在协议 Π_{Share} 中，P_Q 和 P_A 都没有收到任何消息，显然，该协议在 P_Q 和 P_A 被半诚实的敌手攻击时是安全的。云服务器接收的唯一消息是 $[x]_1$，其中 $[x]_1 = x - r$。根据 PRF 的安全性，r 是云服务器未知的随机数。

因此，在云服务器的视图中，$[x]_1$ 的分布是均匀随机的，云服务器获得的信息可以被模拟。综上所述，协议 Π_{Share} 在真实世界中的分布与理想世界中的分布在计算上无法区分。

定理 3.2　算法 3-4 中的协议 Π_{Matmul} 在 F_{PRF} 混合模型下安全的实现了算法-8 中的理想函数 F_{Matmul}。

证明：在协议 Π_{Matmul} 中，P_Q 未收到任何消息，显然，该协议在 P_Q 被半诚实敌手攻击时是安全的。P_A 收到的唯一消息是 $[x]_1 - b$。根据 PRF 的安全性，b 是 P_A 未知的随机数。因此，在 P_A 的视图中，$[x]_1 - b$ 的分布与均匀随机分布在计算上是不可区分的，P_A 获得的信息可以被模拟。接下来，在协议执行过程中，云服务器获得了 $[c]_1$ 和 $w + a$。根据 PRF 的安全性，a 和 $[c]_1$ 是云服务器未知的随机数。因此在云服务器的视图中，$[c]_1$ 和 $w + a$ 的分布与均匀随机分布是计算上无法区分的。因此，云服务器获得的信息也可以被模拟。综上所述，协议 Π_{Matmul} 在真实世界中的分布与理想世界中的分布在计算上无法区分。

定理 3.3　算法 3-5 中的协议 Π_{msb} 在 F_{Matmul} 混合模型下安全的实现了算法-8 中的理想函数 F_{msb}。

证明：如第 3.3.2 节中所述，协议 Π_{msb} 仅由 AND 门和 XOR 门组成，其中 AND 门可由协议 Π_{Matmul} 进行实例化，且 XOR 门的评估是无须交互的。因此，在 F_{Matmul}-混合模型中，协议 Π_{msb} 显然是安全的。

定理 3.4　算法 3-6 中的协议 Π_{ReLU} 在 $(F_{\text{msb}}, F_{\text{Matmul}})$ 混合模型下安全的实现了表 3-8 中的理想函数 F_{ReLU}。

证明：如第 3.3.2 节中所述，协议 Π_{ReLU} 由协议 Π_{msb} 和 Π_{Matmul} 组成。因此，在 $(F_{\text{msb}}, F_{\text{Matmul}})$-混合模型中，ReLU 协议显然是安全的。

定理 3.5　算法 3-7 中的协议 Π_{Agg} 在 F_{PRF} 混合模型下安全的实现了表 3-8 中的理想函数 F_{Agg}。

证明：在协议 Π_{Agg} 中，P_A 未收到任何消息，显然，该协议在 P_A 被半诚实敌手攻击时是安全的。云服务器接收到的唯一消息是 $[x_i]_0 - r_i$。根据 PRF 的安全性，r_i 是云服务器未知的随机数。因此，在云服务器的视图中，$[x_i]_0 - r_i$ 的分布与均匀随机分布在计算上无法区分，云服务器获得的信息可以被模拟。在完成聚合之后，P_Q 只学习到了聚合结果 $\sum_{i \in [C]} x_i$，但是不知道单个 x_i。因此，聚合协议的安全性取决于聚合结果是否会泄露隐私。本章考虑半诚实的敌手类型，该敌手不会利用聚合的预测结果进行推理攻击来窃取隐私，因此协议 Π_{Agg} 在 F_{PRF} 混合模型下是安全的。

3.5 实验评估

本节首先介绍实验设置，包括数据集和模型、训练过程的参数设置、实验环境配置等，随后展示本章提供的密码协议的性能，最后给出异构模型在联邦训练中的精确度分析。

3.5.1 实验设置

1. 集和模型。本章在三个图像数据集（SVHN、CIFAR10 和 Tiny ImageNet）上评估所提方案：（1）SVHN 是从 Google 街景图像中的房屋编号中获取的真实世界图像数据集，包含 600 00 张大小为 32×32 的 RGB 图像，每个图像中是从 0 到 9 的打印数字；（2）CIFAR10 包含 60 000 张大小为 32×32 的 RGB 图像，分属 10 个类别，其中有 50 000 张训练图像和 100 00 张测试图像；（3）Tiny ImageNet 包含 100 000 张彩色图像，分属 200 个类别，缩小为 64×64 像素，每个类别有 500 张训练图像、50 张验证图像和 50 张测试图像。默认情况下，本章假设用户之间的训练数据是独立同分布的

（IID）。此外，本章还通过 Dirichlet 分布 Dir(α) 模拟不相交的非独立同分布（Non-IID）训练数据[20]。其中，参数 α 的值控制着 Non-IID 的程度，较小的 α 表示更高程度的 Non-IID。进一步地，本章模拟了异构横向联邦学习中的模型异构特性。具体来说，对于 SVHN 和 CIFAR10，本章设置用户数量 $n = 50$，并使用 VGG-7、ResNet-8 和 ResNet-10 结构作为用户端的本地模型。对于 Tiny ImageNet，本章设置 $n = 10$，并使用 ResNet-14、ResNet-16 和 ResNet-18 结构作为用户端的本地模型。每个模型架构被 $n/3$ 个用户使用。除此之外，各个用户的查询数据是通过第 3.3.4 节所示的两种方法构建的：（1）直接使用隐私训练数据（Q-priv）作为查询样本，（2）通过 Mixup 数据增强策略[101]合成查询样本（Q-syn）。

2. 训练过程的参数设置。回顾第 3.3 章中的方案描述，本章方案共包含三个阶段，即本地训练、安全查询和本地重训练。在本地训练阶段，每个用户使用随机梯度下降优化算法从头开始训练本地模型。对于 SVHN、CIFAR10 和 Tiny ImageNet，损失函数为交叉熵，学习率分别为 0.5、0.1 和 0.01。此外，批量大小分别为 256、64 和 64。在本地重训练中，用户在已有本地模型的基础上再训练该模型。他们使用 Adam 优化器进行 50 个迭代的训练，学习率为 $2e-3$，在每 25 个迭代时衰减 0.1，批量大小在 SVHN 上为 256，在 CIFAR10 和 Tiny ImageNet 上均为 64。

3. 实验环境配置。参与实验的每个实体，即 P_Q、P_A 和云服务器，都在 Ubuntu18.4 系统上运行，使用 Intel（R）562 Xeon（R）CPUE 5-2620v4（2.10GHz）和 16 GB 的 RAM，以及 NVIDIA 1080Ti GPU。与现有工作[60-88]类似，本章在一个 64 比特的环 $Z2_{64}$ 上设置了秘密分享协议，并使用 20 比特精度的定点数表示编码输入。在 PRF 的实例化中，安全参数设为 128。除非另有说明，本章仅展示在 GPU 加速器上进行评估的协议性能。

3.5.2 密码协议性能

本节展示本章提供的密码协议的性能，并将所提协议与 CaPC[3] 以及基于最先进的安全查询协议[52-60]实例化的异构横向联邦学习进行了比较。

1. 端到端的性能评估。 首先展示与明文环境下的异构横向联邦学习系统相比，本章所提密文方案引入的额外开销。该额外开销是由安全查询阶段引起的，该阶段由第 3.3 节描述的三个步骤组成，即安全的查询数据共享、安全的异构模型预测和安全的预测结果聚合。表 3-2 中展示了在不同模型和数据集设置下每个步骤的运行时间。需要注意的是，为了更清晰地说明本章所提方案的效率，除非另有说明，本节仅展示在一次迭代中云服务器以及一个查询方-响应方对的开销。通过该表可以观察到，本章方案的通信开销主要由安全的异构模型预测步骤主导。具体来说，在 VGG-7 和 CIFAR10 上，对 5000 个查询样本进行安全评估需要 16.9 分钟，而在安全的查询数据共享和安全的预测结果聚合步骤上分别仅需 11.32 秒和 0.3 秒。由于输入尺寸较大和模型架构较为复杂的原因，评估 Tiny ImageNet 需要消耗较多的时间。

表 3-2　本章方案与明文环境下的异构横向联邦学习系统相比的额外运行时间（秒）

数据集	查询数据数量	安全的查询数据共享	安全的异构模型预测			安全的预测结果聚合
			VGG-7	ResNet-8	ResNet-10	
CIFAR10 (SVHN)	1000	5.08	205.46	270.78	305.46	0.09
	2500	7.16	511.63	657.83	758.16	0.12
	5000	11.32	1019.12	1346.79	1521.23	0.30

续表

数据集	查询数据数量	安全的查询数据共享	安全的异构模型预测			安全的预测结果聚合
			ResNet-14	ResNet-16	ResNet-18	
Tiny ImageNet	1000	9.87	2700.96	2971.47	3084.81	0.18
	2500	18.78	6815.69	7217.28	7503.50	0.32

注：CIFAR10 和 SVHN 具有相同的输入大小和模型架构，因此它们的运行时间相同

表 3-3 本章方案和 CaPC[3] 在 MNIST 数据集和三个异构模型上的运行时间（秒）

批量大小	CryptoNets		CryptoNets-ReLU		MLP	
	本章方案	CaPC	本章方案	CaPC	本章方案	CaPC
BS = 128	0.03	17.75	0.24	48.83	0.75	65.01
BS = 256	0.05	17.56	0.31	70.14	0.83	86.37
BS = 512	0.07	17.62	0.50	112.42	1.05	129.81
BS = 1024	0.13	17.77	0.89	201.42	1.58	216.61

注：［查询数据批量大小（BS）：128~1024］

2. 与 CaPC 的性能对比。回顾在第 3.1 节中的讨论，与本章提供的安全异构横向联邦学习类似，CaPC[3] 利用现存的安全查询方案[54] 来实例化保护隐私的协作学习过程，但是存在不切实际的跨用户通信假设。表 3-3 将本章提供的安全查询方案与 CaPC 中的相应协议进行了比较。遵循 CaPC 的设置，本章在 MNIST 上评估了三个小型模型 CryptoNets[45]、CryptoNets-ReLU[45] 和 MLP[54]。可以观察到，在这三个模型上，本章协议比 CaPC 的计算性能提升了两个数量级。下面对通信开销提供理论上的比较。（1）对于线性层评估，CaPC 需要在 2 个交互轮次内通信 2 个同态密文。本章方案需要通信 3 个环元素（每个元素为 64 位）。需要注意的是，密文的大小远远大于环元素的大小。（2）对于非线性层评估，例如 ReLU，CaPC 采用了混淆电路技术，该技术的通信轮次为 2 轮，通信量为 $8\ell\lambda - 4\lambda$ 比特[60]。在本章设置中，λ

$=128$，$\ell=64$。相比之下，本章协议仅需要通信 $15\ell-3\log\ell-12$ 比特，获得了 70 倍的通信性能提升。

3. 与其他实例化方法的对比。 为了进一步展示本章所提方案的效率，本章基于先进的安全预测方案，包括 Cheetah[52] 和 CrypTFlow2[60]，使用第 3.3.4 章中描述的方法对异构横向联邦学习进行了实例化，并在表 3-4 中给出了实例化方案在 CIFAR10 数据集上进行安全查询的性能。可以观察到，本章所提方案在三种异构模型上均实现了显著的效率提升。例如，与 CrypTFlow2 相比，本章所提方案的运行时间减少了 $57.4\sim75.6$ 倍，通信量降低了 $8.6\sim12.7$ 倍。这是因为 CrypTFlow2 需要在多轮通信中进行昂贵的基于同态加密技术的乘法操作评估和基于不经意传输技术的比较操作评估。此外，如第 3.3.4 章所示，将诸如 CryptGPU[88] 等的安全三方协议扩展到异构横向联邦学习并不容易。尽管如此，由于 CryptGPU 是当前运行在 GPU 下的最先进的安全预测协议，因此本章也将所提方案与 CryptGPU 进行了比较。注意，CryptGPU 中对用户间的直接通信没有限制。可以观察到，即使在这种不公平的比较下，本章所提方案仍然具有性能优势，即在计算和通信性能上分别提高了约 2.1 倍和 2.0 倍。

表 3-4　本章方案和基于先进安全预测协议的实例化方法在三个异构模型上的运行时间和通信开销对比

方案	VGG-7		ResNet-8		ResNet-10	
	运行时间/s	通信/MB	运行时间/s	通信/MB	运行时间/s	通信/MB
CrypTFlow2	48.70	651.51	56.21	1110.39	97.46	1395.18
Cheetah	3.95	116.14	4.29	94.51	6.79	169.35
CryptGPU	1.61	144.51	2.02	131.39	2.79	221.57
本章方案	0.73	75.52	0.98	87.60	1.29	120.26

4. GPU 加速对密码协议性能的影响。 为了探究 GPU 加速对密码协议性能的影响，本节分别在 CPU 和 GPU 设置下对所提方案进行了评估。评估结果以图 3-4 的形式呈现，该图展示了在 CIFAR10 数据集上，使用 VGG 和

ResNet 风格的模型时，不同查询数据批量大小下的性能对比。从图中可以清晰地观察到，基于 GPU 的协议评估性能在各种查询数据批量大小下都显著优于基于 CPU 的协议评估性能。这一结果与理论上 GPU 在处理计算任务时的高效性是一致的，并证明了设计适用于 GPU 环境的密码学协议的性能优越性。除此之外，随着查询数据批量大小的增加，基于 GPU 的协议评估优势变得更加明显。这是因为 GPU 的固有性质，如多核并行处理等，使其在处理大规模数据集和进行批量计算时能够发挥出色的性能。相比之下，CPU 在处理大规模数据和批量计算时可能会受到其串行处理方式和有限内存带宽的限制，导致性能下降。

3.5.3　精确度性能

本节展示每个异构模型经过本章所提方案进行训练后的精确度，并探讨了各种因素对模型精确度的影响，包括非独立同分布设置、查询数据数量、本地隐私训练数据数量等。

1. 端到端的模型精确度。表 3-5 中展示了每个异构模型在三个不同的训练数据集上经过本章所提方案进行训练后的精确度性能。可以观察到，对于 SVHN 和 CIFAR10，使用 Q-priv 查询样本合成方法进行查询可以将模型精确度提高约4%，而使用 10 000 个 Q-syn 查询样本合成方法时，模型精确度提升约为 10%。主要原因是合成样本能够很好地覆盖自然数据的多样性。此外，还可从表 3-5 中观察到，使用更多的合成查询数据进行安全查询可以实现更好的模型精确度性能。并且，随着参与用户数量的增加，模型精确度略有提高。主要原因是查询样本增多意味着模型可以利用更多的样本进行参与方间的知识共享，促进了模型知识的迁移。

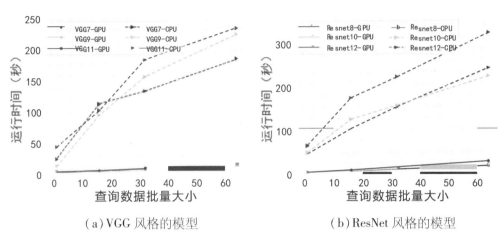

（a）VGG 风格的模型　　　　　　（b）ResNet 风格的模型

图 3-4 本章方案在不同查询数据批量大小和硬件设置下进行评估的运行时间（秒）

（数据集：CIFAR10；查询数据批量大小：0～65；硬件设置：GPU/CPU）

表 3-5 本章方案在三个不同的数据集和两个不同的查询样本合成策略下的模型精确度（%）

用户参与比例		SVHN			CIFAR10			Tiny ImageNet		
		0.6	0.8	1	0.6	0.8	1	0.6	0.8	1
未执行本章方案		75.46			56.66			22.26		
Q-priv		79.43	79.56	80.29	60.82	61.01	61.49	24.89	25.11	25.23
Q-syn	2500	80.09	80.32	81.69	62.87	63.05	63.23	25.82	27.14	26.23
	5000	83.32	83.52	83.82	63.04	63.44	63.69	26.03	27.54	26.75
	7500	84.54	84.78	85.12	62.97	63.64	63.88	26.22	27.67	27.75
	10000	84.58	84.97	85.62	63.79	63.82	64.56	26.46	28.19	28.46

（数据集：SVHN/CIFAR10/TinyImageNet；查询样本合成策略：Q-priv/Q-syn；

每轮迭代中用户参与比例：0.6/0.8/1）

图 3-5 展示了模型精确度曲线与异构横向联邦学习迭代次数的关系。该图只以 SVHN 和 CIFAR10 数据集为例，因为它们收敛速度更快，曲线更易读，相比之下，由于 Tiny ImageNet 较为复杂，因此收敛速度较慢。从该图中可以观察到，在这两个数据集上，每个异构模型在两种类型的查询数据上都能很好地收敛，且在 Q-syn 上展现出更好的性能。主要原因仍然是相比

于本地训练样本，合成样本能够很好地覆盖自然数据的多样性。

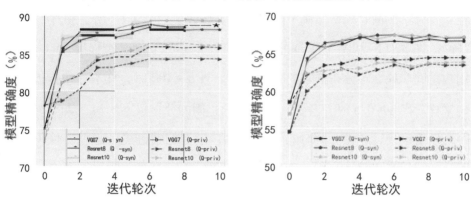

（a）SVHN　　　　　　　　　　　（b）CIFAR10

图3-5　本章方案中每个异构模型的精确度随迭代次数增加而产生的变化曲线

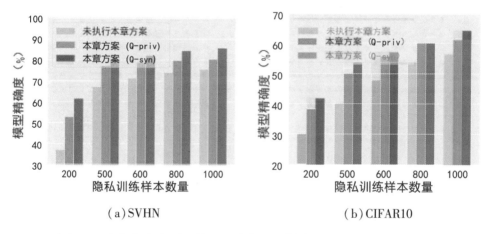

（a）SVHN　　　　　　　　　　　（b）CIFAR10

图3-6　本章方案在不同数量的隐私训练样本下的模型精确度性能

2.本地隐私训练数据量对模型精确度的影响。图3-6中展示了本章所提方案在不同数量的隐私训练数据下的模型精确度，其中训练数据集为SVHN和CIFAR10。从该图中可以观察到，随着训练数据数量的增加，在两种不同的查询数据构建策略下（即Q-priv和Q-syn），模型的精确度性能会得到大幅度提升。主要原因是本地训练数据增多意味着本地异构模型可以在更多的训练样本上进行学习，并且可以构建更多的合成样本进行查询，从而促进模型知识的迁移和共享。

3. 非独立同分布数据集的影响。本章以 CIFAR10 数据集为例来展示非独立同分布数据对模型精确度的影响，具体效果如图 3-7 所示。其中，图 3-7(a)、图 3-7(b) 和图 3-7(c) 可视化了在不同非独立同分布程度 Dir(α) 下，用户之间非独立同分布样本的分布情况。当 $\alpha = 100$ 时，样本分布接近于均匀采样。当 $\alpha = 0.5$ 时，各类样本在用户之间的分布极不均匀。从图 3-7(d) 中可以观察到，非独立同分布程度越高，模型的精确度就越低。值得注意的是，即使是在非独立同分布程度极高的设置中，本章所提的方案仍然可以显著提高异构模型的精确度性能。

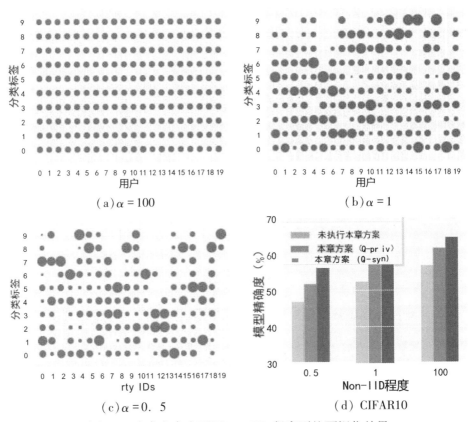

图 3-7　本章方案在不同 Non-IID 程度下的可视化结果

（用户数量：20；数据集：CIFAR10；散点大小：表示该类训练样本的数量，即散点越大，该类训练样本数量越多）

4. 查询数据量对模型精确度的影响。图 3-8（a）至图 3-8（c）展示了在不同数量的查询数据下，本章方案中每个异构模型（包括 VGG7、ResNet8、ResNet10）的精确度性能。性能展示分别在数据集 SVHN、CIFAR10 和 Tiny ImageNet 上进行。图中的虚线代表了执行本章方案之前的模型精确度，以提供一个基准对比。可以观察到，本章所提方案在上述三个数据集和异构模型上均显著提高了模型的精确度。这一提升不仅证明了方案的有效性，也展示了它在各类不同数据量场景下的广泛适用性。具体来说，随着查询数据数量的增加（从 2 500 样本逐步增加到 10 000 样本），三个模型的精确度均提高了约 5%。

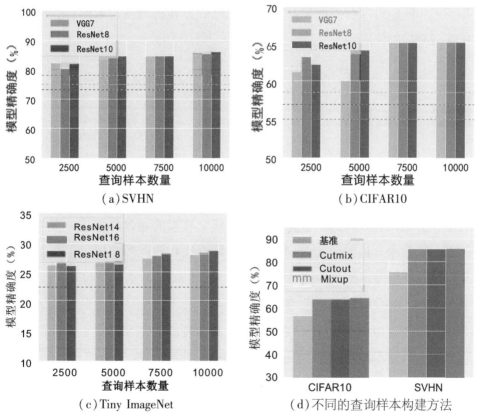

图 3-8　不同查询样本数量和查询样本构造方法对本章方案中模型精确度的影响

［图（a）～（c）：本章方案中每个异构模型的精确度随查询样本数量增加而产生的变化趋势；图（d）：不同查询样本构造方法对模型精确度的影响］

5. 查询样本构建方法对模型精确度的影响. 图 3-8(d)给出了本章所提方案在三种不同的查询数据构造方法下，对异构模型精度提升的具体效果。这些方法分别是 Cutmix[102]，Cutout[103]，和 Mixup[101]（三种方法的具体介绍见第 3.3.4 节）。图中的"基准"表示，在未执行本章提出的协议时，各个参与方仅使用本地训练数据进行模型训练所得到的本地模型精确度。可以观察到，在异构横向联邦学习的环境中，使用这三种查询数据构造策略进行查询样本构造，均对模型的精确度产生了积极且显著的影响。具体来说，与基准精确度相比，这三种方法均带来了超过 10% 的模型精确度提升。这进一步证明了在支持模型异构的横向联邦学习框架中，通过合理的查询数据构造策略，可以有效地提升模型的泛化能力和精确度，从而在实际应用中实现更好的性能。

3.6 本章小结

本章提出了一种高效且保护隐私的横向联邦学习训练框架。该框架支持模型异构性，同时适用于用户间无法建立直接的通信信道这一现实的联邦学习设置中。该框架为查询样本、模型参数和响应预测提供了可证明安全的机密性保障。框架的核心构建块是一个定制化的安全查询方案，其中，该方案基于轻量级的秘密分享和伪随机函数技术设计了高效的协议，分别用于查询过程中的乘法和比较操作。本章为设计的协议提供了全面的安全性分析，并在不同数据集、系统配置和异构模型上评估了所提框架的性能。大量实验表明，本章方案在通信和计算性能方面均优于现有技术。

第四章

纵向联邦学习中的数据机密性保护技术研究

本章关注纵向联邦学习中的数据机密性保护，主要探讨在每个用户的数据源之间分布相同但特征不同的联邦学习任务中，如何有效保护用户数据和模型的机密性。为此，本章以决策树训练为实际应用场景，设计了一个保护隐私的纵向决策树联邦训练方案，实现了训练数据和树模型的机密性保护。该方案工作在离线-在线范式中，其核心思想是在输入无关的离线阶段生成必要的相关随机数，以尽可能地降低在线评估的开销。

4.1 引言

作为一种高效且具备出色可解释性的机器学习算法，决策树在各类现实应用中已展现出其独特的价值。从金融风险管理[29]到医疗诊断[105]，再到股票交易[106]，决策树凭借其直观易懂的特性，为各领域的决策提供了有力的支持。然而，尽管决策树具有广泛的应用前景，但在其构建、部署和实际应用过程中，却面临着两大难以忽视的挑战。一方面，训练数据的纵向分布特性使得决策树的构建变得复杂。在实际应用中，数据通常分散在多个机构或部门中，每个机构或部门只持有部分特征的信息，而这些特征对于构建完整的决策树模型至关重要。因此，如何在保护各方数据隐私的前提下，有效地整合这些分散的数据，成为了决策树应用的一大难题。另一方面，训练数据的隐私敏感性也增加了决策树应用的难度。尤其是在金融、医疗等敏感领域，个人数据的隐私保护尤为重要。例如，在金融风险管理任务中，个人的司法和贷款信息通常分别由法院和银行持有。然而，根据当前的政策，如《通用数据保护条例》（GDPR），这些隐私信息不允许被直接公开和共享[107-108]。受这些挑战的驱使，保护隐私的纵向决策树作为一种新兴范式被提出[29-35]。这种范式旨在在保护各方数据隐私的前提下，实现数据的共享和决策树的构建。

目前，探索保护隐私的纵向决策树联邦训练的研究工作主要可以分为以下两类。（1）容忍一定的隐私泄露。一些方法为了降低加密开销，会牺牲部分隐私保障，例如样本的标签[30-35]、内部节点的最佳分割点[32-33]、评估路径[29-34]等（详细分析见第1.2.2节）。然而，这种泄露隐私的做法与保护隐私的要求相悖。（2）零隐私泄露。最近，Wu等人提出了Pivot[1]，这是首个不泄露任何敏感信息的保护隐私的纵向决策树联邦训练方案。在构建决策树时，Pivot利用基尼不纯度增益[67]作为度量指标，来寻找树节点的最佳分割。评估过程包括线性运算、除法和比较操作（详细描述见第2.2.4节）。为了提供隐私保护，Pivot在技术上使用Paillier同态加密[40]进行线性运算，并使用加法秘密分享技术进行比较和除法运算，其中SPDZ框架[44]被用来实例化这些操作。尽管Pivot[1]提供了如此理想的隐私保障，但它存在的一个固有问题是计算与通信开销过高，主要原因是：（1）基于加法秘密分享的比较和除法协议依赖于昂贵的比特分解和逐位评估，这需要多轮交互且通信开销高；（2）Pivot需要耗时的同态加密操作，以及密文与秘密分享之间的转换。具体来说，在每个树节点中，Pivot需要 $3k+2$ 次同态标量乘法，以及 $4k$ 次密文与秘密分享之间的转换，其中 k 是分类数量。

本章提出了一个用于纵向决策树联邦训练的高效两方密文方案。两方设置对于实际应用来说是合理的[108]，并且在保护隐私的机器学习领域得到了广泛应用[46-48]。具体来说，与Pivot[1]类似，本章方案建立在离线-在线范式之上，并采用了几个新的构建块来提高尤其是在线阶段的效率。一方面，本章利用一种先进的密码学原语，函数秘密共享[74]（详细介绍见第 2.3.3 节），提出了一个用于选择最佳分割点的高效比较协议。此处的主要挑战在于直接使用通用的函数秘密分享方案[75]会导致较高的评估开销，因为它需要调用两次函数秘密分享协议来处理第4.3.1.1 节中所述的绕回问题。本章通过提供一个严格的理论分析来解决这个问题，该分析表明，即使仅调用一次函数秘密分享评估，在适当的参数设置下，发生绕回问题的概率也是可忽略的。与当前最高效的函数秘密分享方案[75]相比，本章方案减少了大约 2 × 的在线运行时间，且只会轻微降低决策树模型的精确度（小于 0.6%）。在通信开销方面，上述方案仅需1 轮交互，通信 2 个环元素。

另一方面，本章设计了一个基于迭代 Goldschmidt 范式的高效且隐私增强的除法协议。该协议构造受到 Falcon[110]的启发，但 Falcon 中的协议会泄露除数的范围，这可能会导致在构建决策树时泄露分割统计信息。本章通过整合上述比较协议，并进一步设计了基于函数秘密分享技术的安全范围计算和数字分解协议，来解决这一隐私泄露问题。所提方案的新思路是将除数分解为多个子字符串，从而在隐藏中间值的前提下评估较小比特长度的值的范围。因此，本章提供的除法协议在性能上比先前的工作[1,87]中的替代方案实现了多个数量级的提升，同时提供了严格的安全保障。此外，本章采用轻量级的加法秘密分享原语来降低线性运算（即，加法和乘法）的评估开销，同时，利用 PRF 生成相关随机性来进一步降低通信开销[48]。

本章为设计的构建块提供了严格的安全性证明，并通过实验验证了它们的效率优势。值得强调的是，在在线运行时间和通信性能上，本章提供的比较和除法协议的性能比 Pivot 中给出的方案提升了几个数量级。同时，在局域网和广域网网络设置下，本章基于五个真实世界的数据集对所提方案进行了端到端的评估。实验结果表明，与 Pivot 相比，本章方案在局域网和广域网上的在线运行时间分别提高了 102～863 × 和 62～91 ×。除此之外，本章方案可以通过额外的离散化过程直接扩展到处理具有连续属性的纵向联邦数据。本章在三个数据集上评估了所提方案，并将其与专为具有连续属性的纵向数据定制的最新工作[2]进行了比较。实验结果表明本章方案仍获得 $3.9\times$ 的计算性能提升，并且预测精度与该工作相当。

综上所述，本章工作的主要贡献可总结如下。

（1）本章提出了一个用于纵向联邦学习中决策树训练的高效两方密文方案。

（2）本章设计了几种基于函数秘密分享技术的新协议，包括比较和除法，作为安全训练方案的主要构建块，以提高其在线效率。

（3）大量实验表明，本章所提方案的性能比现有技术高出几个数量级，同时实现了与非隐私设置相当的决策树模型精确度。

4.2 系统模型与威胁模型

本章提出了一个保护隐私的纵向决策树联邦训练方案，方案包括 2 个参与方 P_0 和 P_1，以及一个辅助第三方 STP。P_0 和 P_1 希望使用他们的隐私训练样本构建一个决策树。在本章设置中，训练样本在两方之间呈纵向分布，即两方具有相同样本的空间，但具有不同的特征空间[29-34-35]。与先前工作[111-112]类似，本章假设两方已经使用了广泛研究的隐私集合求交技术来对齐各方的训练样本。下面详细介绍上述三类实体在密文环境下纵向决策树联邦训练方案中的任务。

• 辅助第三方 STP：提供特定的相关随机数以加速密文训练。

• 参与方 P_0：拥有训练数据的一部分特征，与参与方 P_1 共同执行保护隐私的纵向决策树训练。

• 参与方 P_1：拥有训练数据的另一部分特征，以及样本标签，与参与方 P_0 共同执行保护隐私的纵向决策树训练。

本章方案考虑半诚实的敌手设置，适用于离线-在线环境，其中 STP 只工作在离线阶段，为在线密文训练提供需要的相关随机数。基于生成的相关随机数，P_0 和 P_1 在在线阶段参与安全计算协议。本章假设一个概率多项式时间(PPT)的攻击者只可能会破坏其中一个参与方，即双方不会相互勾结。在协议执行期间，攻击者会诚实地遵循协议规范，但会试图通过分析被破坏方的视图来获取另一方的隐私信息。本章考虑静态的敌手攻击策略，即被攻击方在协议开始之前就已经确定，并且在整个协议执行过程中保持不变。

综上所述，本章方案的设计目标可总结如下。

• 机密性：在训练阶段，各方拥有的本地样本特征和标签应受到保护，防止被另一方窃取。训练得到的决策树(包括每个节点的最佳分割和可用样本)不应泄露给任何一方。

• 效率：加密协议应产生可承受的计算和通信开销，这对于资源受限的应用和实时性要求至关重要。

• 精确性：与无隐私保护的明文决策树训练相比，密文环境下的决策树训练过程应仅带来可忽略的分类精度损失，从而保证决策树模型的可用性。

4.3 保护隐私的纵向决策树训练方案

本节首先介绍密文环境下纵向决策树联邦训练方案所以来的基础构建块，如数字分解、比较、除法、乘法等，随后给出一个完整的纵向决策树密文训练方案。

4.3.1 安全的基础构建块评估协议

本节将详细介绍本章方案依赖的基础构建模块，并在算法 4-1 中给出对应的理想函数。这些构建块分为离线和在线两个阶段，并保持了一个不变量，即各方从环 Z_{2^n} 上的输入秘密分享开始，以相同环上的输出秘密分享结束。在离线阶段，与先前工作类似[48,75]，本章引入一个辅助第三方 STP 来生成相关随机数。同时，本章协议使用 PRF 来进一步提高通信效率。此处假设 PRF 种子，即 seed_{t0}、seed_{t1} 和 seed_{01}，分别早已在 STP 和 P_0、STP 和 P_1、P_0 和 P_1 之间通过密钥协商协议被构建(详细过程参阅第2.3.5节)。需要注意的是，STP 不参与在线过程。在第4.3.3节中，本章讨论了如何剔除 STP，只在两方(P_0 和 P_1)参与中安全地执行相应操作。

算法 4-1　安全构建块协议对应的理想函数

参数：一个环 Z_{2^n}。

1. **比较理想函数 F_{Compare}**：对于来自 P_0 的输入 $[x]_0$ 和 $[y]_0$，以及来自 P_1 的输入 $[x]_1$ 和 $[y]_1$，采样 $[z]_0 \in Z_{2^n}$ 并将 $[z]_0$ 发送给 P_0，计算 $[z]_1 = 1\{x < y\} - [z]_0 \in Z_{2^n}$ 并将 $[z]_1$ 发送给 P_1；

2. **数字分解理想函数 F_{DigDec}**：给出数字分解的比特长度 d，对于分别来自 P_0 和 P_1 的输入 $[x]_0$ 和 $[x]_1$，采样 $\{[x_{k-1}]0 \in \{0,1\}^d, \cdots, [x_0]_0 \in \{0,1\}^d\}$ 并将其发送给 P_0，计算 $\{[x_{k-1}]1 \in \{0,1\}^d, \cdots, [x_0]_1 \in \{0,1\}^d\}$ 并将其发送给 P_1，满足 $x_{d-1} \| \cdots \| x_0 = x$；

3. **范围计算理想函数 F_{Range}**：对于分别来自 P_0 和 P_1 的输入 $[x]_0$ 和 $[x]_1$，采样 $[k]_0 \in Z_{2^n}$ 并将 $[k]_0$ 发送给 P_0，计算 $[k]_1 = k - [k]_0 \in Z_{2^n}$ 并将 $[k]_1$ 发送给 P_1，其中 k 满足 $2^k \leqslant x < 2^{k+1}$；

4. **除法理想函数 F_{Div}**：对于来自 P_0 的输入 $[x]_0$ 和 $[y]_0$，以及来自 P_1 的输入 $[x]_1$ 和 $[y]_1$，采样 $[z]_0 \in Z_{2^n}$ 并将 $[z]_0$ 发送给 P_0，计算 $[z]_1 = \dfrac{x}{y} - [z]_0 \in Z_{2^n}$ 并将 $[z]_1$ 发送给 P_1；

5. **分享值乘法理想函数 F_{SMul}**：对于来自 P_0 的输入 $[x]_0$ 和 $[y]_0$，以及来自 P_1 的输入 $[x]_1$ 和 $[y]_1$，采样 $[z]_0 \in Z_{2^n}$ 并将 $[z]_0$ 发送给 P_0，计算 $[z]_1 = xy - [z]_0 \in Z_{2n}$ 并将 $[z]_1$ 发送给 P_1；

6. **乘法理想函数 F_{Mul}**：对于分别来自 P_0 和 P_1 的输入 x 和 y，采样 $[z]_0 \in Z_{2^n}$ 并将 $[z]_0$ 发送给 P_0，计算 $[z]_1 = xy - [z]_0 \in Z_{2^n}$ 并将 $[z]_1$ 发送给 P_1。

4.3.1.1　安全的比较协议

在本章方案中，比较操作用于选择最大的基尼不纯度增益。算法 4-2 详细描述了本章设计的基于函数秘密分享的比较协议 Compare($[x]$，$[y]$)，其中输入为两个秘密分享的值 $[x]$ 和 $[y]$，输出为 $z = 1\{y > x\}$ 的秘密分享。需要注意的是，本章所需的比较协议的输入是秘密分享的形式，而非一个公开值，这与函数秘密分享技术的输入要求恰恰相反。本章借鉴先前工作 [76] 解决该问题，关键思想是为偏移函数 $f^{[r]}(x) = f(x + r)$ 构建函数秘密分享方案，其中 r 是从 Z_{2^n} 中随机选择的，并在 P_0 和 P_1 之间进行秘密分享。具体来说，P_0 和 P_1 首先重构 $x + r$，然后评估 $f^{[r]}(x + r)$，这恰好等于评估 $f(x)$。然而在该方法中，如果 $x + r$ 发生绕回，则偏移函数结果错误。例如，假设 $x = 10$，那么 $\{x > 0\} = 1$，由于本章方案在环 $Z_{2^{64}}$ 上执行协议，因此，r 从 $Z_{2^{64}}$ 中随机抽样。如果 $r = 2^{64} - 1$，那么 $x + r = 10 + 2^{64} - 1 = 9 \bmod 2^{64}$。进一步地，$\{x + r > r\} = \{9 > 2^{64} - 1\} = 0$ 在 $Z_{2^{64}}$ 中成立，但是该结果不等于 $\{x > 0\} = 1$。先前工作 [76] 通过调用 2 个 DCF 处理该问题（详细介绍参阅第 2.3.3 节），但本章通过严格的分析证明了在适当的参数下，发生绕回的概率是可以忽略不计的。具体分析见定理 4.1。在本章的方案设置中，给出一百万次评估实例，发生绕回的概率被量化为 $|x|/2^n$，并且如表 4-2 中的实验结果所示，如此小的误差不会影响决策树模型的精度。因此，本章的安全比较协议只需在在线阶段调用 1 个 DCF，并在 1 轮交互内引入了 $2n$ 比特的通信。

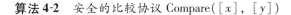

算法 4-2 安全的比较协议 Compare($[x]$, $[y]$)

    参数：一个环 Z_{2^n}，一个 PRF 方案，一个函数秘密分享方案($\text{Gen}_{rl}^{<}$，$\text{Eval}_{rl}^{<}$)。

    输入：P_0 和 P_1 拥有秘密分享的 $[x]$ 和 $[y]$。

    输出：P_0 和 P_1 得到 $[z]$，满足 $z = 1\{y > x\} \in Z_{2^n}$。

1. 离线阶段：

2. STP 和 P_0 基于种子 seed_{t0} 调用 PRF，得到 $[r]_0$；

3. STP 随机采样 $r \in Z_{2^n}$，并发送 $[r]_1 = r - [r]_0$ 给 P_1；

4. STP 评估 $(k_0, k_1) \leftarrow \text{Gen}_{rl}^{<}$ 并将 k_0 和 k_1 分别发送给 P_0 和 P_1。

5. 在线阶段：

6. 对于 $i \in \{0, 1\}$，P_i 将 $[y]_i + [x]_i + [r]_i$ 发送给 P_{1-i}，同时重构 $y - x + r_i$；

7. 对于 $i \in \{0, 1\}$，P_i 评估 $[z]_i \leftarrow \text{Eval}_{rl}^{<}(i, k_i, y - x + r)$。

    定理 4.1 给出 $x \in Z_{2^n}$，假设 r 被从 Z_{2^n} 中均匀随机采样，那么失败概率 $P\{1\{x < 2^{n-1}\} \neq 1\{x + r \bmod 2^n \geq r\}\}$ 等价于 $\dfrac{|x|}{2^n}$，其中，如果 x 是非负数，则 $|x| = x$，否则 $|x| = 2^n - x$。

    证明：本章的比较协议会在 $1\{x < 2^{n-1}\} \neq 1\{x + r \bmod 2^n \geq r\}$ 时产生误差，下面将按照输入 x 的正负性分别给出证明。

    • 考虑 x 是正数的情况，即 $x < 2^{n-1}$。如果 $x + r \bmod 2^n < r$，则会产生错误结果。当 x 和 r 相加导致溢出时，即 $x + r \geq 2^n$，上述条件成立。由于 r 是从 Z_{2^n} 中被随机采样的，因此误差概率为 $P = \dfrac{x}{2^n}$。

    • 对于 x 是负数的情况，可以通过与正数类似的分析得出结果。在该情况下，如果 $x + r \bmod 2^n \geq r$，则会产生错误的结果。当 $x + r$ 没有溢出时，即 $x + r < 2^n$，上述条件成立。由于 r 是从 Z_{2^n} 中被随机采样的，因此误差概

率为 $P = \dfrac{|x|}{2^n}$，其中 $x \geq 2^{n-1}$ 且 $|x| = 2^n - x$。

基于上述分析，定理 4.1 成立。

4.3.1.2 安全的除法协议

本章基于迭代的 Goldschmidt 范式设计了一个高效且隐私增强的除法协议。具体来说，该范式需要一个为除法结果选择一个合适的初始近似值，然后通过多次迭代来改进这个近似值。为了确定初始近似值，除数应被归一化为 $[0.5，1)$ [110-113]。因此，协议需要首先获得除数的范围，这是安全计算的主要挑战。现有的最高效的范围计算协议[110]存在泄露除数范围的问题，该问题的后果是在构建决策树的过程中对分割点的统计信息造成严重的隐私泄露。

本章通过提出一个安全的范围计算协议来解决这一问题，具体操作在算法 4-3 中给出。该算法依赖的主要密码学技术是函数秘密分享和安全两方查找表技术，其中当且仅当 $2^k \leq x < 2^{k+1}$ 时 $\mathrm{Range}([x]) = [k]$ 成立。此处的新思路是将范围评估减少到更小的比特长度。具体来说，协议首先将比特长度为 n 的输入 $[x]$ 分解为 $d = n/c$ 个比特长度为 c 的子字符串 $[x_{d-1}]$，…，$[x_0]$。然后，协议根据 $[x_j]$ 在 x 中的位置 j 来计算每个子字符串 $[x_j]$ 的范围。如果 $x_j \neq 0$ 且对于所有 $i > j$，$x_i = 0$ 成立，则 $\mathrm{Range}([x]) = \mathrm{Range}([x_j]) + j \cdot c$。在算法 4-3 中，对于 $j \in [d]$，协议引入了安全两方查找表 T_j，该表将 $[y_j]$ 作为输入，并输出 $[k_j]$，使得 $2^{k_j \cdot c} \leq y_j < 2^{k_j \cdot c + 1}$。接下来，各方通过评估 DPF（详细介绍参阅第 2.3.3 节）计算 $[z_j] = 1\{y_i = 0\}$。最后，参与方得到 $e_j = k_j \cdot (1 \oplus z_j) \cdot \prod_{m > j} z_m$，其中，如果 $y_j \neq 0$ 且对于所有 $m > j$，$y_m = 0$ 成立，则 $e_j = k_j$，否则为 0。需要注意的是，最多只有一个 e_j 是非零的，且 $\mathrm{Range}([x]) = [k] = \sum_{j=0}^{d-1} [e_j]$。

算法 4 - 3 安全的范围计算协议 Range($[x]$)

参数：一个环 Z_{2^n}，数字分解理想函数 F_{DigDec}，分享值乘法理想函数 F_{SMul}，一个相关 OT 方案（OT^{off}，OT^{on}），一个 LUT 方案（LUT^{off}，LUT^{on}），一个 DPF 方案（$Gen'_{r_i,1}$，$Eval'_{r_i,1}$）。

输入：P_0 和 P_1 拥有秘密分享的 $[x]$。

输出：P_0 和 P_1 得到 $[k]$，满足当且仅当 $2^k \leqslant x < 2^{k+1}$ 时 Range(x) = k 成立。

1. 离线阶段：

2. P_0，P_1 以及 STP 共同调用数字分解理想函数 F_{DigDec} 的离线操作；

3. P_0，P_1 以及 STP 共同调用分享值乘法理想函数 F_{SMul}，生成 $2(d-1)$ 个布尔乘法三元组，并利用协议 OT^{off} 生成 $2d$ 个相关 OT；

4. for $j \in [0, d-1]$ **do**

5.　　STP 评估 $(k_{j,0}, k_{j,1}) \leftarrow Gen'_{r_i,1}$，并将 $k_{j,0}$ 和 $k_{j,1}$ 分别发送给 P_0 和 P_1；

6.　　P_0 和 P_1 利用协议 LUT^{off} 生成一个查找表 T^i_j，该表映射一个比特长度为 c 的输入 a 到比特长度为 $\log n$ 的输出 b，满足 $2^{b-jc} \leqslant a < 2^{b-jc+1}$；

7. end

8. 在线阶段：

9. P_0 和 P_1 共同调用数字分解理想函数 F_{DigDec} 的在线操作，其中输入为 $[x]$，得到 $[x_j]$，$j \in [d]$，且满足 $x = x_0 \parallel x_1 \parallel \cdots \parallel x_{d-1}$；

10. for $j \in [0, d-1]$ **do**

11.　　对于 $i \in \{0, 1\}$，P_i 利用协议 LUT^{on} 在 T^i_j 上评估输入 $[x_j]$，得到 $[k_j]^i$，满足 $2^{k_j-jc} \leqslant x < 2^{k_j-jc+1}$；

12.　　对于 $i \in \{0, 1\}$，P_i 评估 $[z'_j] \leftarrow Eval'_{r_i,1}(i, k_{j,i}, x_j + r)$；

13.　　对于 $i \in \{0, 1\}$，P_i 计算 $[z'_j]^B_i = i \oplus [z_j]^B_i$；

14. end

15. P_0 和 P_1 利用协议 OT^{on} 进行两次相关 OT 运算，来计算 $[e_{d-1}] = [k_{d-1}][z'_{d-1}]^B$，并设置 $[\omega_{d-1}]^B = [1]$；

16. for $j \in \{d-2, \cdots, 0\}$ **do**

17.　　P_0 和 P_1 使用离线阶段生成的布尔乘法三元组计算 $[\omega_j]^B = [\omega_{j+1}]^B \wedge [z_{j+1}]^B$ 和 $[\omega'_j]^B = [\omega_j]^B \wedge [z'_j]^B$；

18.　　P_0 和 P_1 利用协议 OT^{on} 进行两次相关 OT 运算，计算 $[e_j] = [k_j][\omega'_j]^B$；

19. end

20. P_0 和 P_1 计算 $[k] = \sum_{j=0}^{d-1} [e_j]$。

为了将输入 $[x]$ 分解为 d 个子字符串，本章设计了一个基于函数秘密分享的数字分解协议，如算法 4-4 所示。该协议将 $[x]$ 作为输入，并输出 $\{[x_j]\}_{j\in[d]}$，其中 $x=x_{j-1}\|\cdots\|x_0$，且每个 x_j 的比特长度为 $c=n/d$。对于 $j\in[d]$，为了得到 $[x_j]$，各方需要计算较低子字符串到此子字符串的进位。令 $[X]_{j,i}=[x_j]_i\|\cdots\|[x_0]_i$，其中 $i\in\{0,1\}$，$[X]_{j,i}$ 由参与方 P_i 处的子字符串组成，等式 $x_j=[x_j]_0+[x_j]_1+c_j$ 成立，其中 $c_j=[X]_{j-1,0}+[X]_{j-1,1}\geq 2^{jc}$。

通过上述设计，本章提供的安全除法协议的详细评估过程在算法 4-5 中给出，其中，该协议的在线阶段只需通信 $(8n+15)(d-1)+n(2d+2n+35)+2$ 个比特。

另一种安全计算除法的方案是固定点除法评估，例如 SecureNN[87] 中依赖的除法协议构造方案。通过特定的修改，SecureNN[87] 中的除法协议可以扩展到离线-在线设置，在该设置下，扩展协议在在线阶段需要通信 $6n^2$ 个比特。在具体实现中（$n=64$ 且 $d=8$），本章提供的除法协议与 SecureNN 中的除法协议相比，通信性能提升了 $2.3\times$。

算法 4-4　安全的数字分解协议 DigDec($[x]$)

参数：一个环 Z_{2^n}，比较理想函数 F_{Compare}，分享值乘法理想函数 F_{SMul}，一个相关 OT 方案（OT^{off}，OT^{on}），一个 DPF 方案（$\text{Gen}'_{r_i,1}$，$\text{Eval}'_{r_i,1}$），数字分解后得到的子字符串个数 d。

输入：P_0 和 P_1 拥有秘密分享的 $[x]$。

输出：P_0 和 P_1 得到 $\{[x_{d-1}],\cdots,[x_0]\}$，满足 $x=x_{d-1}\|\cdots\|x_0$。

1. 离线阶段：

2. P_0，P_1 和 STP 共同调用分享值乘法理想函数 F_{SMul}，生成 $d-1$ 个布尔乘法三元组，并利用协议 OT^{off} 生成 $d-1$ 个相关 OT；

3. for $j\in[0,d-2]$ **do**

4.　　P_0，P_1 和 STP 共同评估比较理想函数 F_{Compare} 中的离线操作；

5.　　STP 评估 $(k_{j,0},k_{j,1})\leftarrow\text{Gen}'_{r_i,2n+r-1}$，并将 $k_{j,0}$ 和 $k_{j,1}$ 分别发送给 P_0 和 P_1；

6. **end**

7. 在线阶段：

8. 对于 $i \in \{0, 1\}$，P_i 将 $[x]_i$ 解析为 $[x_{d-1}]_i \| \cdots \| [x_0]_i$；

9. **for** $j \in [0, d-2]$ **do**

10. P_0 和 P_1 共同评估比较理想函数 F_{Compare} 中的在线操作，其中输入为 $[[x_j]_0 + [x_j]_1]$ 和 $[2^n]$；

11.   对于 $i \in \{0, 1\}$，P_i 评估 $[e_j]_i^B \leftarrow \text{Eval}_{r_i, 2n+r-1}^{1}(i, k_{j,i}, x_{j+r})$；

12. **end**

13. 对于 $i \in \{0, 1\}$，P_i 初始化 $[u_0]_i^B = 0$ 以及 $[\delta_0] = [x_0]_i$；

14. **for** $j \in [1, d-1]$ **do**

15. P_0 和 P_1 使用离线阶段生成的布尔乘法三元组计算 $[\omega_{j-1}]^B = [u_j - 1]^B \wedge [e_{j-1}]^B$；

16.   对于 $i \in \{0, 1\}$，P_i 本地计算 $[u_j]^B = [\omega_{j-1} \oplus z_{j-1}]_j^B$；

17. P_0 和 P_1 执行协议 OT^{on} 得到 $[u_j]^B$，其中输入为 $[u_j]^B$；

18.   对于 $i \in \{0, 1\}$，P_i 本地计算 $[x_j]_i = [x_j]_i + [u_j]_i$。

19. **end**

4.3.1.3 安全的乘法协议

与 Chameleon[48] 中给出的乘法方案类似，本章使用 Beaver 乘法三元组技术[70] 来评估乘法操作(详细介绍参阅第 2.3.1 节)，并使用 PRF 进一步减少通信开销。本章考虑两种乘法运算 $z = xy$ 的变体。第一情况是 $[x]$ 和 $[y]$ 在 P_0 和 P_1 之间秘密分享，即算法 4-6 中给出的协议 $\text{SMul}([x], [y])$。与先前在保护隐私的纵向决策树工作[1,46] 中给出的替代方案相比，本章提出的基于 STP 的乘法协议在离线阶段只需从 STP 向 P_1 通信 $[c]_1$，从而实现了 $5\times$ 的通信量减少。第二种情况是 x 和 y 分别由 P_0 和 P_1 拥有，即算法 4-7 中给出的协议 $\text{Mul}(x, y)$。在在线阶段，协议 $\text{Mul}(x, y)$ 只需要一个通信轮次，其中每个参与方的通信开销是 n 比特。

算法 4-5 安全的除法协议 $\mathrm{Div}([x],[y])$

参数：一个环 Z_{2^n}，范围计算理想函数 F_{Range}，分享值乘法理想函数 F_{SMul}，一个相关 OT 方案（$\mathrm{OT}^{\mathrm{off}}$，$\mathrm{OT}^{\mathrm{on}}$），一个 LUT 方案（$\mathrm{LUT}^{\mathrm{off}}$，$\mathrm{LUT}^{\mathrm{on}}$）。

输入：P_0 和 P_1 拥有秘密分享的 $[x]$ 和 $[y]$。

输出：P_0 和 P_1 得到 $[z]$，满足 $z = \dfrac{x}{y} \in Z_{2^n}$。

1. 离线阶段：

2. P_0，P_1 和 STP 共同调用范围计算理想函数 F_{Range} 中的离线操作；

3. P_0，P_1 和 STP 共同调用分享值乘法理想函数 F_{SMul}，生成 $2t+2$ 个乘法三元组，并利用协议 $\mathrm{OT}^{\mathrm{off}}$ 生成 n 个相关 OT；

4. 对于 $i \in \{0, 1\}$，P_i 利用协议 $\mathrm{LUT}^{\mathrm{off}}$ 生成一个查找表 T^i，该表映射一个比特长度为 $\log n$ 的输入 a 到比特长度为 n 的输出 $\{b_j\}$，其中 $j \in [n]$，且满足如果 $j = a$，则 $b_j = 1$，否则，$b_j = 0$；

5. 在线阶段：

6. P_0 和 P_1 评估范围计算理想函数 F_{Range} 中的在线操作，得到 $[k]$；

7. 对于 $i \in \{0, 1\}$，P_i 利用协议 $\mathrm{LUT}^{\mathrm{on}}$ 在 T^i 上评估输入 $[k]$，得到 $\{[k_j]^B\}$，其中 $j \in [n]$；

8. P_0 和 P_1 利用协议 $\mathrm{OT}^{\mathrm{on}}$ 得到 $[k_j]$，其中输入为 $[k_j]^B$，且 $j \in [n]$；

9. 对于 $i \in \{0, 1\}$，P_i 设置 $d_j = 2^{n-1-j}$，其中 $j \in [n]$，并计算 $[k] = \sum_{j=0}^{n-1} d_j \cdot [k_j]_i$；

10. P_0 和 P_1 使用离线阶段生成的乘法三元组计算 $[\hat{y}] = [y][k]$；

11. 对于 $i \in \{0, 1\}$，P_i 计算 $[\omega_0]_i = 2.9142 - 2[\hat{y}]_i$；

12. P_0 和 P_1 使用离线阶段生成的乘法三元组计算 $[\varepsilon_0] = 1 - [\hat{y}][\omega_0]$，$[\varepsilon_1] = [\omega_0][\omega_0]$ 和 $[z] = [\varepsilon_0](1 + [\varepsilon_0])(1 + [\varepsilon_1])$；

13. 对于 $i \in \{0, 1\}$，P_i 设置 $d_j' = 2_{j-n+1}$，其中 $j \in [n]$，并计算 $[k'] = \sum_{j=0}^{n-1} dj \cdot [k_j]_i$；

14. P_0 和 P_1 使用离线阶段生成的乘法三元组依次计算 $[y'] = [\hat{y}][k']$ 和 $[z] = [x][y']$。

需要注意的是，在固定点表示中，为了防止由于乘法操作导致的结果溢出，与现有方法[48-53,114]一致，本章采用 SecureML[46] 中提出的截断技术对乘法输出进行截断，以保持相同的小数精度。该技术简单地截断固定点表示的 s 个最低有效位，其中 s 为小数精度。理论上，该方法虽然会引入单比特错误，但正如表4-2中的实验结果所示，这种误差在经验上仅带来轻微的决策树模型精度损失（不到 0.6%）。下面简单回顾该截断方法。令 $\mathrm{Tr}_s(x)$ 表示截断 x 的最低 s 位，该截断协议执行如下：给出 x 的秘密分享 $[x]_0$ 和 $[x]_1$，P_0 和 P_1 分别计算 $[y]_0 = \mathrm{Tr}_s([x]_0)$ 和 $[y]_1 = 2^n - \mathrm{Tr}_s(2^n - [x]_1)$。根据 SecureML[46] 中的定理1，$y \in \{\mathrm{Tr}_s(x) - 1, \mathrm{Tr}_s(x), \mathrm{Tr}_s(x) + 1\}$ 的概率为 $1 - \dfrac{1}{2^{n - n_x - 1}}$，其中 $x \in [0, 2^{n_x}] \cup [2^n - 2^{n_s}, 2^n)$。详细分析可查阅 SecureML[46] 中的附录 B。

算法4-6 安全的分享值乘法协议 $\mathrm{SMul}([x], [y])$

　　参数：一个环 Z_{2^n}，一个 PRF 方案。

　　输入：P_0 和 P_1 拥有秘密分享的 $[x]$ 和 $[y]$。

　　输出：P_0 和 P_1 得到 $[z]$，满足 $z = x \cdot y \in Z_{2^n}$。

1. **离线阶段**：

2. STP 和 P_0 基于种子 seed_{t0} 调用 PRF，得到 $[a]_0$，$[b]_0$ 和 $[c]_0$；

3. STP 和 P_1 基于种子 seed_{t1} 调用 PRF，得到 $[a]_1$ 和 $[b]_1$；

4. STP 计算 $[c]_1 = ([a]_0 + [a]_1)([b]_0 + [b]_1) - [c]_0$，并将 $[c]_1$ 发送给 P_1；

5. **在线阶段**：

6. 对于 $i \in \{0, 1\}$，P_i 计算 $[e]_i = [x]_i - [a]_i$ 和 $[d]_i = [y]_i - [b]_i$，并将它们发送给 P_{1-i}；

7. P_0 和 P_1 重构 $e = \mathrm{Rec}^A([e]_0, [e]_1)$ 和 $d = \mathrm{Rec}^A([d]_0, [d]_1)$；

8. 对于 $i \in \{0, 1\}$，P_i 计算 $[z]_i = i \cdot e \cdot d + d \cdot [a]_i + e \cdot [b]_i + [c]_i \in Z_{2^n}$。

算法 4-7 安全的乘法协议 $Mul(x, y)$

    参数：一个环 Z_{2^n}，一个 PRF 方案。

    输入：P_0 和 P_1 分别拥有 x 和 y。

    输出：P_0 和 P_1 得到 $[z]$，满足 $z = x \cdot y \in Z_{2^n}$。

1. **离线阶段**：

2. STP 和 P_0 基于种子 $seed_{t0}$ 调用 PRF，得到 a 和 $[c]_0$；

3. STP 和 P_1 基于种子 $seed_{t1}$ 调用 PRF，得到 b；

4. STP 计算 $[c]_1 = ab - [c]_0$，并将 $[c]_1$ 发送给 P_1；

5. **在线阶段**：

6. P_0 和 P_1 分别计算 $e = x - a$ 和 $d = y + b$，并将结果发送给对方；

7. P_0 计算 $[z]_0 = da - [c]_0$，同时 P_1 计算 $[z]_1 = ye - [c]_1$。

4.3.2 安全的纵向决策树训练协议

    本章方案中的模型设置与最近的研究工作[1-2,43,114]类似。具体来说，在安全训练过程中，输入数据是在两个参与方之间纵向分布的训练样本。训练过程完成后，每个节点的分割阈值在两个参与方之间秘密分享，即任何一方都无法以明文形式获取训练良好的决策树，这有效地防止了恶意参与方可能从决策树中推断出有关训练样本和标签的隐私。在进行安全训练之前，参与方就一些超参数达成共识，例如安全参数和剪枝条件，同时，参与方和 STP 共同构造用于生成相关随机数的 PRF 种子。在安全训练过程中，本章令 $[\gamma] = ([\gamma_1], \cdots, [\gamma_m])$ 来表示哪些样本在当前树节点上可用。从根节点开始，其中 $[\gamma] = ([1], \cdots, [1])$，两个参与方共同计算所有分割点的基尼不纯度增益，然后选择具有最大增益的分割点作为最佳分裂。基于该最佳分裂，参与方可以将当前树节点分割为左子节点和右子节点，其可用样本集合分别表示为 $[\gamma_l]$ 和 $[\gamma_r]$。这个过程在每个树节点上递归执行，直到满足剪枝条件为止。

下面详细介绍安全的纵向决策树训练流程，首先给出明文环境下的训练示例，然后介绍其密文评估过程。以图 4-1 中的示例为例，其中 P_1 拥有两个类别为 1 和 2 的标签，每个参与方持有一个特征，即年龄或收入。双方的目标是对一个树节点进行分裂，其中 $[\gamma] = ([1]，[1]，[1]，[0])$，即样本 1、2、3 在该节点上可用。首先，$P_1$ 生成 $C_1 = (1，1，0，0)$ 以指示样本是否属于类别 1，相应地，生成 $C_2 = (0，0，1，0)$ 以指示样本是否属于类别 2。然后，参与方计算 $[\delta_1] = C_1 \cdot [\gamma] = ([1]，[1]，[0]，[0])$，以获取属于类别 1 的可用样本，相应地，计算 $[\delta_2]$ 表示属于类别 2 的可用样本。假设 P_0 考虑的当前分割点为"年龄 = 30"，P_0 首先根据年龄是否大于 30 将样本划分为两个分区，得到左子节点的 $t_1 = (1，0，0，1)$ 和右子节点的 $t_r = (0，1，1，0)$。在左子节点上，双方计算 $[d_{l1}] = t_1 \cdot [\delta_1] = [1]$，即属于类别 1 的可用样本数量，以及 $[|D_l|] = t_1 \cdot [\gamma] = [1]$，即总的可用样本数。相应地，双方也可得到属于类别 2 的可用样本数 $[d_{l2}]$。在右子节点上执行同样的上述操作。之后，双方可以根据上述统计数据计算公式 2-2 中的基尼不纯度增益，并获得最佳分割 $[s^*]$，然后更新左子节点上的 $[\gamma_l]$ 以及右子节点上的 $[\gamma_r]$。

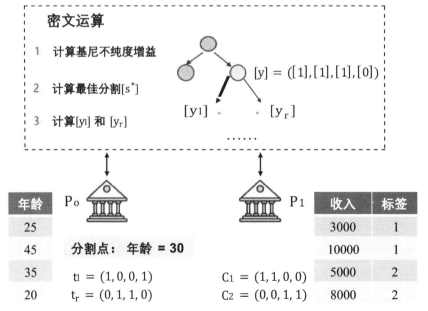

图 4-1　保护隐私的纵向决策树训练示例

算法 4-8 给出了训练单个树节点的具体操作，其中该节点的可用样本集表示为$[\gamma]$。如果满足修剪条件，则此节点将被作为叶子节点返回。否则，该节点将根据基尼不纯度增益派生出左子节点和右子节点。具体操作可分为以下四个步骤。

算法 4-8　安全的纵向决策树训练方案

　　参数：一个环 Z_{2^n}，理想函数 F_{Mul}，F_{SMul}，F_{Compare} 和 F_{Div}。

　　输入：P_0 和 P_1 拥有当前节点的可用样本 $[\gamma]$。

　　输出：如当前节点为中间节点，P_0 和 P_1 得到 $[\gamma_l]$ 和 $[\gamma_r]$，分别为左右孩子的可用样本集合，如当前节点为叶子节点，P_0 和 P_1 得到标签 $[l^*]$。

1. 对于 $k \in K$，P_0 和 P_1 在 STP 的辅助下计算 $[\delta_k] \leftarrow \text{Mul}(C_k, [\gamma]_0) + C_k \cdot [\gamma]_1$；

2. if 满足剪枝条件 **then**

3. 对于 $k \in K$，P_0 和 P_1 计算 $[m_k] = \sum_i [\delta_k][i]$，并设置 $[k^*] = [1]$，$[m^*] = [m_1]$；

4. 对于 $i \in [2, |K|]$，P_0 和 P_1 在 STP 的辅助下依次评估 $[\Psi] = \text{Compare}([m^*], [m_i])$，$[k^*] = \text{SMul}([\Psi], i - [k^*]) + [k^*]$，和 $[m^*] = \text{SMul}([\Psi], [m_i] - [m^*]) + [m^*]$；

5. 返回 $[k^*]$ 作为当前节点的标签，该协议结束。

6. end

7. for $f_b \in F$ **do**

8. 　　**for** $s_j \in f_b$ **do**

9. 　　　　特征 f_b 的拥有方计算 $t_l = (1\{t_1 \leq s_j\}, \cdots, 1\{t_m \leq s_j\})$ 和 $t_r = 1 - t_l$；

10. 　　　　P_0 和 P_1 在 STP 的辅助下计算 $[|Dl|] \leftarrow \text{Mul}(t_l, [\gamma]_0) + t_l \cdot [\gamma]_1$，同样可得 $[|D_r|]$；$[d_{kl}] \leftarrow \text{Mul}(t_l, [\delta_k]_0) + t_l \cdot [\delta_k]_1$，$[d_l] \leftarrow \text{SMul}([d_{kl}], [d_{kl}])$，和对于 $k \in K$，P_0 和 P_1 在 STP 的辅助下依次计算

11. 　　　　$[\rho_{lk}] \leftarrow \text{Div}([d_{l-k}^2], [|D_l|])$，同样可得 $[d_{kr}]$，$[d_{kr}^2]$，

12. 　　　　P_0 和 P_1 计算 $[\hat{g}_j] = \sum_{k \in K}([\rho_{lk}] + [\rho_{rk}])$，作为基尼不纯度增益；

13. **end**

14. P_0 和 P_1 设置 $[s_b^*] = [s_0]$ 且 $[g_b^*] = [\tilde{g}0]$，其中 s_b^* 是特征 f_b 的最佳分割；

15. 对于 $s_j \in f_b$，P_0 和 P_1 在 STP 的辅助下依次评估 $[\Psi] = \text{Compare}([\tilde{g}_j], [g])$；

16. **end**

17. P_0 和 P_1 设置 $[g^*] = [g_0^*]$，$[s^*] = [s_b^*]$ 且 $f[*] = [f_0]$，其中 s^* 是最佳分割；

18. 对于 $b \in [1, |F|-1]$，P_0 和 P_1 在 STP 的辅助下依次评估 $[\Psi] = \text{Compare}([g_b^*], [g^*])$，$[g^*] = \text{SMul}([\Psi], [g_i^*] - [g^*]) + [g^*]$，$[s^*] = \text{SMul}([\Psi], [s_i^*] - [s^*]) + [s^*]$，和 $f[*] = \text{SMul}([\Psi], f[_i] - f[*]) + [f^*]$；

19. P_0 和 P_1 重构 $f^* = [f^*]_0 + [f^*]_1 \in Z_{2^n}$；

20. 对于 $fv_j \in f^*$，P_0 和 P_1 计算 $[\Psi j[]] = \text{Compare}([fv_j], [s^*])$，最终得到 $[\gamma_r] = \text{SMul}([\Psi_r], [\gamma])$ 和 $[\gamma_l] = [\gamma] - [\gamma_r]$。

1. 叶子节点标签计算（1~6 行）：对于每个类别 $k \in K$，标签拥有者 P_1 可以在本地生成 C_k。然后，双方共同学习 $[\delta_k] = C_k \circ ([\gamma]_0 + [\gamma]_1) = \text{Mul}(C_k, [\gamma]_0) + C_k \circ [\gamma]_1$，接着对 $[\delta_k]$ 中的所有元素求和，以获取属于每个类别 k 的样本数量。接下来，双方通过逐一比较来计算此节点的标签 $[k^*]$，其具有最大的 m_k。如果不满足修剪条件，算法将执行以下步骤。

2. 基尼不纯度评估（8~13 行）：给定特征 f_b 的当前分割 s_j，特征拥有者可以在本地构造 t_l 和 t_r。基于这些信息，双方可以通过调用本章提供的乘法协议共同评估 $[|D_l|]$、$[|D_r|]$、$[d_{kl}^2]$ 和 $[d_{kr}^2]$。最后，使用上述秘密分享的统计信息，双方可通过调用本章提供的除法协议获得公式 2-2 中所示的基尼不纯度增益 $[\tilde{g}_j]$。

3. 最佳分割选择（14~18 行）：在获得所有分割的基尼不纯度增益后，双方试图选择具有最大基尼不纯度增益的最佳分割。为了减少乘法调用的次数，算法首先选择每个特征的最佳分割作为候选分割，例如特征 f_b 的最佳分割$[s_i^*]$。随后，通过比较所有特征的候选分割获得当前节点的最佳分割$[s^*]$，以及该分割所属的特征$[f^*]$。

4.决策树模型更新(19~20行)：至此，双方可以更新当前节点的左右子节点的$[\gamma_l]$和$[\gamma_r]$。具体来说，双方首先学习$[\Psi_r]$，用来指示属于特征值f^*但特征值小于$[s^*]$的样本索引集合。接下来，双方共同调用本章提供的乘法协议来获取右子节点的$[\gamma_r]$，并为左子结点计算$[\gamma_l] = [\gamma] - [\gamma_r]$。

值得注意的是，与Pivot[1]类似，在本章训练方案中，特征f^*是公开的。然而，参与方可以选择通过对协议进行轻微修改来隐藏f^*。具体来说，令$T^{m \times ns} = (t_1, \cdots, t_{ns})$表示拆分指示矩阵，其中$n_s$为分割总数，$t_j$表示第$j$个拆分。给定 T 和$[V] = ([v_1], \cdots, [v_{ns}])$，当$j = s^*$时$[v_j] = [1]$，否则为 0，则有$[t_s^*] = T \cdot [V]$。T 和$[V]$可以通过广泛研究的隐私信息检索(Private Information Retrieval，简称PIR)技术[75,115]获得。接下来，双方可以更新$[\gamma_l] = \text{SMul}([t_s^*], [\gamma])$，同时对$[\gamma_l]$的更新也采用相同的处理方式。这种方法可以消除特征泄露，但会损害决策树模型的可解释性。事实上，基于决策树的预测模型在机密性与可解释性之间存在固有的矛盾和权衡。

4.3.3 讨论

1. 安全的纵向决策树预测方法。给出一个训练良好的秘密分享的纵向决策树，参与方可以对输入样本x进行安全预测，预测过程总体思路如下。从根节点开始，其标记$[mk] = [1]$，各方通过将x的对应特征值与分割阈值进行比较，递归地计算其子节点的标记，直到所有叶子节点都被访问到为止。叶子节点的标记被分配给一个向量$[\mu]$中。在安全预测结束后，$[\mu]$中只有一个元素为1，指定了x的真实预测路径。最后，预测结果$[y]$可以通过$[y]=[L]\cdot[\mu]$计算得到，其中L包含了所有叶子节点的标签。

接下来以图4-2给出的示例为例，给出安全的纵向决策树预测的详细过程，其中树的标签向量为$[L]=([1],[2],[2],[1],[2])$，根节点的分割阈值为"年龄$=[30]$"，预测样本$x$的年龄特征为$[25]$。首先，$[mk_1]=[1\{25<30\}]\cdot[mk]=[1]$被分配给右子节点$n_B$，$[1\{25>30\}]\cdot[mk]=[0]$被分配给左子节点$n_D$。随后，各方可以以相同的方式递归地计算每个节点的标记，即将x的对应特征值与当前节点的分割阈值进行比较，然后调用乘法来获得标记。最终，各方得到$[\mu]=([\mu_1],[\mu_2],[\mu_3],[\mu_4],[\mu_5])=([0],[1],[0],[0],[0])$，并且秘密分享的预测结果为$[\mu]\cdot[L]=[2]$。

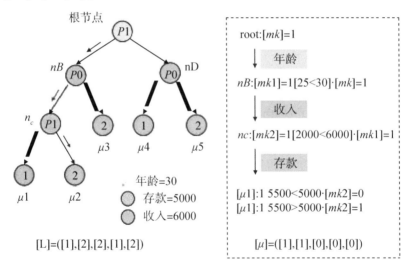

图4-2　保护隐私的纵向决策树预测示例

详细的安全纵向决策树预测协议在算法4-9中给出。鉴于每个内部节点n_j都与一个具有最佳分割$[s_j]$的特征f_j相关联，该协议描述如下。对于带有标记$[mk_j]$的节点n_j，各个参与方通过调用本章提供的比较协议将$[s_j]$与样本x的相应特征值$[x_j]$进行比较，以获得$[\Psi_j]$。然后，各个参与方通过调用本章提供的乘法协议共同计算其右子节点的标记 $[mk_{2*j+2}] = [mk_j]$ $[\Psi_j]$，以及左子节点的标记 $[mk_{2*j+1}]$。最终，各方获得 $[\mu] \in \{0, 1\}^z$，其中每个元素表示一个叶子节点的标记，且只有一个元素为1。预测结果通过 $[y] = [L] \cdot [\mu]$ 计算得到。

2. **扩展本章方案到连续属性**。利用先前工作[2]中提到的离散化方法，即等宽分箱（EWB），本章方案可以扩展到评估具有连续属性的数据。EWB的主要思想是将属性的范围划分为预定数量的等宽分箱。然而，如第4.5.3节中展示的实验结果所示，直接在本章方案中使用这种方法无法获得理想的决策树精度。本章通过提出一种简单且有效的离散化方法来解决这个问题。具体来说，首先根据连续属性对训练样本 D 进行排序。然后，给定一个预定义的箱数 P，将排序后的样本放入所有箱中，每个箱包含 $\dfrac{D}{P}$ 个样本（除了最后一个箱）。最后，每个箱的分割阈值可以通过获取对应箱中的最大连续属性值来获得。请注意，在本章关注的纵向数据分区设置中，由于属性由任意一方以明文形式拥有，因此离散化过程可以由各方本地执行。第4.5.3节中的实验结果表明，上述离散化方法在本章方案中可以实现更高的决策树精度。

算法 4-9　安全的纵向决策树预测方案

参数：叶子节点的数量 z。

输入：P_0 和 P_1 拥有一个纵向分布的预测样本 x；一个秘密分享的决策树，其中
　　　　每个节点的最佳分割为 s_j，$j \in [1, z-1]$。

输出：预测标签 $[y]$。

1. **for** $j = 1, \cdots, z-1$ **do**

2. 　**if** $j == 1$ **then**

3. 　　$[mk_j] = [1]$;

4. 　**end**

5. 　$[\Psi_j] = \text{Compare}([s_j], [x_j])$;

6. 　$[mk_{2*j+2}] = \text{SMul}([mk_j], [\Psi_j])$;

7. $[mk_{2*j+1}] = \text{SMul}([mk_j], 1 - [\Psi_j])$;

8. end

9. if nk 是一个叶子结点，其标记为 $[\mu_k] = [mk_k]$ **then**

10. 将 $[\mu_k]$ 放到 $[\mu]$ 中的正确位置；

11. end

12. $[y] = \text{SMul}([\mu], [L])$ 。

3. **在安全两方计算协议中模拟 STP。** 与大多数基于函数秘密分享技术的隐私保护工作类似[75-76,116]，本章方案通过一个辅助第三方 STP 生成相关随机数。然而，第三方的角色可以通过通用的安全两方计算协议（如混淆电路[37]和 GMW[117]）或特定技术[61,118]来共同模拟。具体来说，（1）可以使用通用的混淆电路或 GMW 风格的协议在离线阶段生成所需的相关随机数。尽管这些协议具有理想的通用性，但在函数秘密分享的密钥生成步骤中，它们需要安全的评估底层伪随机数生成器。（2）作为一种定制化案例，Doerner 等人提出了一种新颖的解决方案[118]，该方案具有明显的效率优势，因为伪随机数生成器的评估仅在本地进行，而无须安全模拟。然而，该方案仅限于中等的环大小，难以扩展到一般和大型环的情况。因此，设计用于在函数秘密分享技术中利用安全两方计算协议模拟第三方的有效且通用的技术，然后将本章方案扩展到没有第三方的完全两方设置，是一个有趣的未来工作方向。

4. **扩展本章方案到多方设置。** 接下来探索将本章方案扩展到多方设置的可能性，并提供技术思路，其中所需的构建块和现有技术如下所述。（1）多方秘密分享技术：这是 n-out-of-n 加法秘密分享中的一个基本要求，它支持与本章使用的 2-out-of-2 秘密分享技术类似的加法和乘法操作。（2）多方截断协议：在多方设置中，本章方案中使用的两方截断协议[46]不再起作用，可以使用 Crypten[99]中提出的截断协议来在每个定点乘法操作后缩小输出。这个协议会略微增加通信复杂度，并需要 1 轮通信。（3）多方函数秘密分享协议：Dodis 等人提出了一种基于误差学习假设（Learning with Errors）的多方函数秘密分享方案[119]，该方案可用于通用函数（更确切地说，固定深度的电路）。方案通过使用多密钥的全同态加密技术[120-121]来实现。这足以构建基于函数秘密分享的安全比较和除法协议。利用这些构建块，本章可以通过将算法 4-8 中的密码学操作替换为上述多方协议，轻松地扩展本章方案到多方设置。

4.4 安全性分析

定理 4.2　假设存在针对 PRF、函数秘密分享和乘法机制的安全协议，算法 4-2 中的协议 Compare($[x]$, $[y]$) 安全地实现了表 4-1 中的理想函数 F_{Compare}。

证明：在协议 Compare($[x]$, $[y]$) 中，STP 未收到任何信息，因此该协议在 STP 被半诚实敌手攻击时显然是安全的。接下来证明在 P_0 或 P_1 被半诚实敌手攻击时的安全性。P_i，其中 $i \in \{0, 1\}$，接收 $[b]_{1-i} = [y]_{1-i} - [x]_{1-i} + [r]_{1-i}$ 和 k_i。根据 PRF 的安全性，$[r]_{1-i}$ 是 P_i 未知的随机值。因此，在 P_i 的视图中，$[b]_{1-i}$ 的分布是均匀随机的。进一步地，基于函数秘密分享方案的安全性，P_i 获得的消息可以被完美地模拟。综上所述，协议 Compare($[x]$, $[y]$) 在 P_i 被半诚实敌手攻击时是安全的。

定理 4.3　假设存在针对比较、函数秘密分享、乘法和不经意传输机制的安全协议，算法 4-4 中的协议 DigDec($[x]$) 安全地实现了算法 4-1 中的理想函数 F_{DigDec}。

证明：协议 DigDec($[x]$) 是本地计算和对 F_{Compare}、安全两方查找表协议、函数秘密分享协议、F_{SMul} 和不经意传输协议的顺序调用组合。对敌手视图的模拟直接来自于组合相应的模拟器。

定理 4.4　假设存在针对数字分解、不经意传输、查找表、乘法和函数秘密分享机制的安全协议，算法 4-3 中的协议 Range($[x]$)安全地实现了表 4-1 中的理想函数 F_{Range}。

证明：协议 Range($[x]$)是本地计算和对 F_{DigDec}，安全两方查找表协议，函数秘密分享协议，不经意传输协议和 F_{SMul} 的顺序调用组合。对敌手视图的模拟直接来自于组合相应的模拟器。

定理 4.5　假设存在针对范围计算、不经意传输、查找表和乘法机制的安全协议，算法 4-5 中的协议 Div($[x]$,$[y]$)安全地实现了算法 4-1 中的理想函数 F_{DIV}。

证明：首先证明协议 Div($[x]$,$[y]$)的正确性。对 $1/\hat{y}$ 的初始近似值 $\omega_0 = 2.9142 - 2\hat{y}$ 引入了一个误差 $\varepsilon_0 < 0.08578^{[113]}$，然后协议迭代两次以获得$[x]/[y]$的近似值，最终误差为 $\varepsilon_0^{2^2} = 0.54 \times 10^{-4}$。在环 $Z_{2^{64}}$ 中，这个误差可以忽略不计$^{[122]}$。接下来证明协议 Div($[x]$,$[y]$)的安全性。该协议是本地计算和对 F_{Range}、安全两方查找表协议、不经意传输协议和 F_{SMul} 的顺序调用组合。因此，对敌手视图的模拟直接来自于组合相应的模拟器。

定理 4.6　假设存在针对 PRF 机制的安全协议，算法 4-6 中的协议 SMul($[x]$,$[y]$)安全地实现了算法 4-1 中的理想函数 F_{SMul}。

证明：在协议 SMul($[x]$,$[y]$)中，STP 未收到任何消息，因此该协议在 STP 被半诚实敌手攻击时显然是安全的。P_1 接收到的消息是$[e]_1 = [x]_1 - [a]_1$ 和$[d]_1 = [y]_1 - [b]_1$。根据 PRF 的安全性，$[a]_1$ 和$[b]_1$ 是 P_1 未知的随机值。在 P_1 的视图中，$[e]_1$ 和$[d]_1$ 的分布是均匀随机的，因此 P_1 获得的消息视图可以被完美模拟。P_0 接收到的消息是$[c]_0$，$[e]_0 = [x]_0 - [a]_0$ 和$[d]_0 = [y]_0 - [b]_0$。根据 PRF 的安全性，在 P_0 的视图中，$[c]_0$，$[e]_0$ 和$[d]_0$ 的分布是均匀随机的，该协议在 P_0 被半诚实敌手攻击时是安全的。

定理 4.7　假设存在针对 PRF 机制的安全协议，算法 4-7 中的协议 Mul(x,y)安全地实现了算法 4-1 中的理想函数 F_{Mul}。

证明：在协议 $\mathrm{Mul}(x, y)$ 中，STP 未收到任何消息，因此该协议在 STP 被半诚实敌手攻击时显然是安全的。P_0 接收到的消息是 $e = x - a$。根据 PRF 的安全性，a 是 P_0 未知的随机值。因此，在 P_0 的视图中，e 的分布是均匀随机的，P_0 获得的消息视图可以被完美模拟。P_1 接收到的消息是 $[c]_1$ 和 $d = y + b$。根据 PRF 的安全性，在 P_1 的视图中，$[c]_1$ 和 d 的分布是均匀随机的，因此，该协议在 P_1 被半诚实敌手攻击时是安全的。

定理 4.8　假设存在针对乘法、比较和除法机制的安全协议，在半诚实敌手存在的情况下，算法 4-8 给出的方案是一个安全的纵向决策树联邦训练方案。

证明：本章为算法 4-8 中的训练协议提供了基于半诚实模拟的安全性证明，其中只关注一个树节点，因为每个节点执行的操作均相同。为了证明安全性，本章引入一个模拟器 Sim，它通过模拟一系列混合记录 Hyb_j 来模拟被攻击方 P_i 的视图，其中 Hyb_0 是真实世界的分布。该视图包括其输入，输出和接收到的消息。此外，给出理想函数 F，Sim_F 模拟了 F 中的操作，并将其输出附加到视图中。接下来证明所产生的混合记录在 P_0 被半诚实敌手攻击的情况下与真实协议执行之间的不可区分性。P_1 被半诚实敌手攻击的设置与 P_0 类似，因此本章省略该证明。

● Hyb_1：Hyb_1 与 Hyb_0 相同，除了 F_{SMul} 被替换为运行基于 PRF 乘法机制的模拟器 $\mathrm{Sim}_{\mathrm{SMul}}$。由于 $\mathrm{Sim}_{\mathrm{SMul}}$ 被保证产生与真实世界不可区分的输出，因此，Hyb_1 与 Hyb_0 的分布相同。

● Hyb_2：Hyb_2 与 Hyb_1 相同，除了 F_{Mul} 被替换为模拟器 $\mathrm{Sim}_{\mathrm{Mul}}$。$F_{\mathrm{Mul}}$ 从 P_1 处接收 (C_k, t_1)，从 P_0 处接收 $([\gamma]_0, [\delta_k]_0)$，这不会向对方泄露任何信息。因此，$\mathrm{Sim}_{\mathrm{Mul}}$ 的输出与真实协议执行是不可区分的。Hyb_2 与 Hyb_1 的分布相同。

● Hyb_3：Hyb_3 与 Hyb_2 相同，除了 F_{Compare} 被替换为运行函数秘密分享生成与评估机制的模拟器 $\mathrm{Sim}_{\mathrm{Compare}}$。此外，$P_1$ 发送 $[x_1]_1 - [x_2]_1 + [r]_1$，其中 r 是用于隐藏秘密值 $x_1 - x_2$ 的掩码，并且 r 是从环 Z_{2^d} 中均匀随机选择

的。根据函数秘密分享机制的安全性，Hyb_3 与 Hyb_2 的分布相同。

• Hyb_4：Hyb_4 与 Hyb_3 相同，除了 F_{DIV} 被替换为模拟器 Sim_{DIV}。根据除法机制的安全性，Hyb_4 与 Hyb_3 的分布相同。

综上所述，算法 4-8 给出的方案是一个安全的纵向决策树联邦训练方案。

定理 4.9　假设存在针对乘法和比较机制的安全协议，在半诚实敌手存在的情况下，算法 4-9 给出的方案是一个安全的决策树预测方案。

证明：与定理 4.8 的证明类似，此处仍然只关注一个树节点，同时模拟器 Sim 通过模拟一系列混合记录 Hyb_j 来模拟被攻击方 P_i 的视图，其中 Hyb_0 是真实世界的分布。接下来证明所产生的混合记录在 P_0 被半诚实敌手攻击的情况下与真实协议执行之间的不可区分性。P_1 被半诚实敌手攻击的设置与 P_0 类似，因此本章省略该证明。

• Hyb_1：Hyb_1 与 Hyb_0 相同，除了 F_{SMul} 被替换为运行基于 PRF 乘法机制的模拟器 Sim_{SMul}。由于 Sim_{SMul} 被保证产生与真实世界不可区分的输出，因此 Hyb_1 与 Hyb_0 的分布相同。

• Hyb_2：Hyb_2 与 Hyb_1 相同，除了 $F_{Compare}$ 被替换为运行函数秘密分享生成与评估机制的模拟器 $Sim_{Compare}$。此外，P_1 发送 $[x_j]_1 - [s_j]_1 + [r_j]_1$ 和 $[y]_1$ 作为两个随机选择的值，其中 $j \in [2, z]$。根据函数秘密分享机制的安全性，Hyb_2 与 Hyb_1 的分布相同。

综上所述，算法 4-9 给出的方案是一个安全的决策树预测方案。

4.5　实验

本节首先介绍实验设置，包括实验环境配置和数据集等，随后展示本章提供的基础构建模块评估协议的性能，最后给出安全的纵向决策树训练协议的性能。

$\boxed{4.5.1}$ 实验设置

本章使用 EzPC 中 Porthos 框架的通信后端在 C++中实现了本章方案。PRF 是基于 OpenSSL-AES 库中的分组密码 AES 实现，函数秘密分享方案基于 LibFSS 库实现。本章方案在三个配备 Intel(R) 562 Xeon (R) CPUE 5-2620v4 (2.10GHz)和 16 GB RAM 的台式机上运行，其中操作系统为 Ubuntu 18.4，每台计算机都是一个参与方(P_0、P_1 或 STP)的实例。下文中展示的通信开销包括 STP 与 P_0 和 P_1 之间的通信，以及 P_0 和 P_1 之间的通信。运行时间来自于这三个实体本地计算的开销以及它们之间进行交互的通信延迟。在局域网(LAN)环境下，网络带宽为 2 GBps，延迟为 0.3 ms。在广域网(WAN)环境上，网络带宽为 40 MBps，延迟为 40 ms。本章遵循现有工作[46,87]，在环 $Z_{2^{64}}$ 上设置了秘密分享协议，并使用具有 20 个比特精度的定点表示对输入进行编码。

数据集。本章在来自 UCI 机器学习库的五个真实世界数据集上评估了提供的方案。

• 鸢尾花数据集：用于对鸢尾花进行模式识别，包含 150 个样本，分属 3 个类别，每个样本有 4 个特征，每个类别代表一种鸢尾花植物。

• 心脏病数据集：旨在推断患者是否存在心脏病，包含 303 个样本，75 个特征，标签从 0(不存在)到 4(存在)。

• 银行营销数据集：旨在预测用户是否会订阅定期存款，包含 4521 个样本，17 个特征。

• 信用卡数据集：用于预测用户是否可信，包含 30000 个样本，23 个特征。

• 手写数字数据集：包含 5620 张手写数字图像，每张图像有 63 个特征。所有输入属性都是范围在[0-16]内的整数，类别标签属于[0-9]。

4.5.2 基础构建块协议的性能

本节将提供的基础构建块协议与当前最先进的保护隐私的纵向决策树训练方案 Pivot[1] 中的相应协议进行了详细的性能对比。为确保比较的公平性，本章采纳了 Pivot 提供的参考实现，并在与本章方案完全一致的实验环境和网络设置下，对 Pivot 系统进行了重新运行与测试。表 4-1 展示了本章方案和 Pivot 在 LAN 上执行加法和乘法协议的在线性能开销。值得注意的是，在本章提供的方案中，加法操作可以在秘密分享值上进行本地评估，而无须任何加密计算和通信交互。相比之下，Pivot 中的加法操作在同态加密的密文上进行评估。因此，尽管这两种方案的通信开销均为 0，但由于涉及同态密文运算，Pivot 的运行时间更高。在对乘法操作的评估中，虽然 Pivot 实现了零通信，但它额外需要通信量较大的域转换以兼容秘密分享的值。此外，本章提供的乘法协议的计算性能与 Pivot 中的方案相比展现出显著优势，主要原因是所提协议只涉及非加密操作，且操作的值为域上的元素而非加密密文。

表 4-1 本章方案与 Pivot[1] 在加法和乘法操作上的在线运行时间和通信开销比较

实例数量	安全的加法操作				安全的乘法操作			
	运行时间/US		通信/KB		运行时间/US		通信/KB	
	本章协议	Pivot	本章协议	Pivot	本章协议	Pivot	本章协议	Pivot
100	0.001	0.68	0.00	0.00	0.19	0.69	3.12	0.00
500	0.001	3.28	0.00	0.00	0.33	3.37	15.62	0.00
1000	0.001	6.57	0.00	0.00	0.49	6.66	31.25	0.00

续表

实例数量	安全的加法操作				安全的乘法操作			
	运行时间/US		通信/KB		运行时间/US		通信/KB	
	本章协议	Pivot	本章协议	Pivot	本章协议	Pivot	本章协议	Pivot
1500	0.001	10.09	0.00	0.00	0.66	10.67	46.87	0.00
2000	0.001	13.28	0.00	0.00	0.79	13.48	62.50	0.00

图4-3 和图4-4 中分别展示了本章提供的比较和除法协议的在线性能，并与 Pivot 中的相应评估方法进行了对比。可以观察到，与 Pivot 中的评估方法相比，本章提供的两个协议均实现了几个数量级的性能提升。性能增益得益于本章基于先进的函数秘密分享技术的高效协议设计。

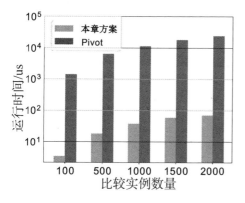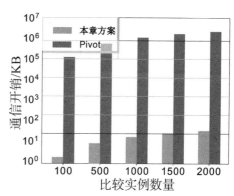

图4-3 本章提供的比较协议与 Pivot[1] 在运行时间和通信开销上的性能对比

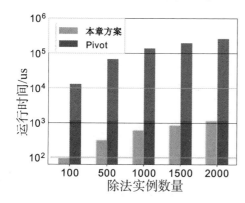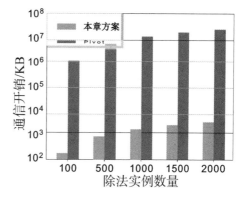

图4-4 本章提供的除法协议与 Pivot[1] 在运行时间和通信开销上的性能对比

保护隐私的纵向决策树方案的性能

决策树模型精度。为了验证本章提供的加密方案实现了第 4.2 节中给出的模型精度目标，本章展示了该方案在不同数据集下的决策树模型精度，并与明文环境下的决策树训练算法进行了比较，具体实验结果在表 4-2 中给出。可以观察到，与明文环境下的决策树训练算法相比，本章方案实现了可比较的精确度性能。轻微的精度损失可能是由定点数表示和近似除法操作引起的。需要强调的是，这种精度损失在安全多方计算技术中是不可避免的[1,110]。

表 4-2 决策树模型精度(%)

数据集	决策树深度	本章安全训练方案/%	明文环境下训练方案/%
鸢尾花数据集	3	97.77	97.78
心脏病数据集	4	81.13	81.17
银行营销数据集	4	87.96	88.17
信用卡数据集	4	83.74	83.84
手写数字数据集	5	75.35	75.94

1. 与方案 Pivot[1] 的性能比较。表 4-3 中展示了本章提供的安全纵向决策树训练方案与 Pivot 在运行时间上的比较，其中决策树深度为 3，四个数据集的最大分割数分别为 5、3、5 和 14。由于 Pivot 中无法测量离线阶段的性能和通信开销，因此本章仅展示 Pivot 的在线运行时间。可以观察到，在 LAN 环境下，本章方案在四个数据集上的在线运行时间均小于 4.3 秒。与 Pivot 相比，例如，本章方案的运行时间在银行营销数据集上实现了 130 × 的加速。此外，本章方案在 WAN 上仍然实用，在四个数据集上的在线运行时间均小于 86 秒，与 Pivot 相比，在信用卡数据集上的计算性能至少提升了 85 ×。值得注意的是，本章方案在总体计算时间上仍然优于 Pivot，主要原因是 Pivot 中的协议依赖通信昂贵的比特分解操作和计算复杂的同态密文操作。

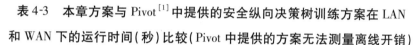

表4-3 本章方案与 Pivot[1] 中提供的安全纵向决策树训练方案在 LAN 和 WAN 下的运行时间（秒）比较（Pivot 中提供的方案无法测量离线开销）

数据集	LAN					
	离线阶段		在线阶段		总时间	
	Pivot[1]	本章方案	Pivot[1]	本章方案	Pivot[1]	本章方案
鸢尾花数据集	-	0.36	448.94	0.52	>448.94	0.88
心脏病数据集	-	1.24	213.48	2.08	>213.48	3.32
银行营销数据集	-	7.28	455.60	3.50	>455.60	10.78
信用卡数据集	-	9.14	560.97	4.28	>560.97	13.42
数据集	LAN					
	离线阶段		在线阶段		总时间	
	Pivot[1]	本章方案	Pivot[1]	本章方案	Pivot[1]	本章方案
鸢尾花数据集	-	10.28	2047.06	32.96	>2047.06	43.24
心脏病数据集	-	35.02	10755.81	117.16	>10755.81	152.18
银行营销数据集	-	190.98	3946.87	47.72	>3946.87	238.70
信用卡数据集	-	225.74	7423.59	85.54	>7423.59	311.28

表4-4 本章在第4.3.3节中提供的安全纵向决策树预测方法与 Pivot[1] 中的安全纵向决策树预测方案在 LAN 和 WAN 下的运行时间（秒）比较

［Pivot 中提供的方案无法测量离线开销］

数据集	LAN					
	离线阶段		在线阶段		总时间	
	Pivot[1]	本章方案	Pivot[1]	本章方案	Pivot[1]	本章方案
鸢尾花数据集	-	0.80	17.64	1.45	>17.64	2.25
心脏病数据集	-	1.09	17.51	1.46	>17.51	2.55
银行营销数据集	-	0.98	26.35	1.44	>26.35	3.40
信用卡数据集	-	1.02	26.68	1.44	>26.68	2.46

| 数据集 | LAN | | | | | |
| | 离线阶段 | | 在线阶段 | | 总时间 | |
	Pivot[1]	本章方案	Pivot[1]	本章方案	Pivot[1]	本章方案
鸢尾花数据集	-	24.60	1747.59	121.18	>1747.59	145.78
心脏病数据集	-	28.28	1737.80	121.04	>1737.80	149.32
银行营销数据集	-	28.32	2927.22	120.86	>2927.22	149.18
信用卡数据集	-	28.25	2927.81	120.94	>2927.81	149.19

表 4-4 中展示了本章在第 4.3.3 节中讨论的安全纵向决策树预测方法与 Pivot 中提供的安全纵向决策树预测方案在运行时间上的比较，其中决策树深度为 3，四个数据集的最大分割数分别为 5、3、5 和 14。由于 Pivot 中无法测量离线阶段的性能和通信开销，因此本章仅展示 Pivot 的在线运行时间。可以观察到，在 LAN 环境下，本章给出的安全预测方法在四个数据集上的在线运行时间均小于 1.46 秒。与 Pivot 相比，例如，本章给出的安全预测方法的运行时间在银行营销数据集上实现了 18.29× 的加速。此外，本章给出的安全预测方法在 WAN 上仍然是实用的，在四个数据集上的在线运行时间均小于 121.18 秒，与 Pivot 相比，在信用卡数据集上的计算性能至少提升了 24×。

2. 本章方案在具有连续属性的数据上的评估性能。正如第 4.3.3 节中所述，本章方案可以通过额外的离散化过程扩展到处理连续属性的数据。图 4-5 展示了所提方案在三个具有连续属性的数据集上的评估性能，即乳腺癌数据集（BC）、心电图心跳数据集（ECG）和下背痛症状数据集（BACK），并与用于处理连续数据的当前最先进的安全纵向决策树训练方法 Adams[2] 进行了比较。为了比较的公平性，本章方案使用与 Adams 相同的实验设置，其中各个实体之间通过千兆以太网连接。在三个数据集的参数设置中，BC 和 BACK 的树深度为 4，ECG 的树深度为 1，BC 和 BACK 的分箱数为 5，ECG 的分箱数为 3。可以观察到，直接在本章方案中使用 Adams 中提供的离散化方法不能获得令人满意的决策树模型精度，例如，在 BC 和 BACK 上的决策树模型精度分别只有 86.84% 和 70.96%。由于 ECG 的分类任务较为简单，其精度达到了 1。相比之下，本章在第 4.3.3 节中提出的离散化方法可以获得更好的决策树模型精度，例如，在 BC 上的精度为 93.86%，在 BACK 上的准确度为 78.91%，这与 Adams 中展示的结果基本一致。此外，在决策树模型精度相似的情况下，本章方案的计算性能获得了 2.1～3.9 倍的提升。

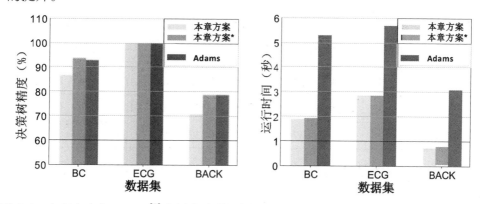

图 4-5　本章方案与 Adams[2]在具有连续属性的数据集上的训练精度(%)和运行时间

(秒)比较

（"本章方案"：表示采用了 Adams 中的离散化方法；"本章方案*"：表示使用了本章在第
4.3.3 节中提出的离散化方法）

除此之外，本章在上述三个具有连续属性的数据集上详细展示了所提方案在 LAN 和 WAN 上的安全纵向决策树训练和预测开销。如表 4-5 所示，可以观察到在 LAN 环境下，本章方案的运行时间较低，这是因为方案中依赖的底层协议只包含高效的对称加密操作。然而，在 WAN 环境下，由于多轮通信导致的高网络延迟，本章方案的运行时间显著增加。此外，可以观察到本章方案将大部分的通信开销卸载到了离线阶段。例如，在 BACK 上执行安全训练的离线阶段通信开销为 62.52MB，而在线阶段仅引入了 5.12MB 的通信。

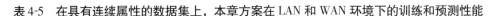

表4-5　在具有连续属性的数据集上，本章方案在 LAN 和 WAN 环境下的训练和预测性能

数据集	LAN			WAN			通信开销		
	离线	在线	总时间	离线	在线	总时间	离线	在线	总时间

安全的纵向决策树训练（运行时间：秒，通信：MB）

数据集	离线	在线	总时间	离线	在线	总时间	离线	在线	总时间
BC	2.27	2.03	4.3	62.98	109.34	172.32	142.70	25.07	167.77
BACk	0.97	0.81	1.78	27.22	43.63	70.85	62.65	5.12	67.86
ECG	2.63	2.66	5.29	62.19	33.39	95.58	122.30	96.33	218.63

安全的纵向决策树预测（运行时间：毫秒，通信：KB）

数据集	离线	在线	总时间	离线	在线	总时间	离线	在线	总时间
BC	2.16	2.10	4.26	60.46	161.30	221.76	144.49	1.67	146.16
BACK	2.13	2.07	4.20	60.67	161.36	222.04	144.49	1.67	144.16
ECG	0.14	1.22	1.37	4.04	120.50	124.54	9.63	0.14	9.77

3. **本章方案在不同参数下的性能**。本章基于信用卡数据集探索了所提方案在不同参数下的性能。默认情况下，训练数据的样本数量和特征数量分别为 5000 和 23，最大分割数为 14，树深度为 3。具体来说，如图 4-6 所示，随着训练样本数量的增加，本章方案的运行时间和通信开销大致呈线性增长，这是因为方案需要更多的乘法运算来计算基尼不纯度增益。由于网络带宽和延迟限制，WAN 上的运行时间比 LAN 上更长。在相同的网络设置下，在线阶段的计算和通信开销远小于离线阶段。需要注意的是，通信开销与网络环境设置无关。

此外，如图 4-7 所示，随着特征数量的增加，本章方案的运行时间也会随之增长。由于安全计算需要更多的通信轮次，因此在 WAN 上会引入更大的延迟，在线运行时间的变化更为显著。相比之下，无论参数如何变化，离线阶段都只需一轮通信。同时，离线阶段和在线阶段的通信开销大致以相似的趋势呈线性增长。

图 4-8 给出了本章方案在不同树深度下的运行时间和通信开销。训练良好的决策树倾向于成为一个完全二叉树，在给定最大树深度 h 的情况下，

大约会构建 $2^h - 1$ 个内部树节点。因此，如图 4-8 所示，本章方案的运行时间和通信开销随着树深度的增加而呈对数增长趋势。

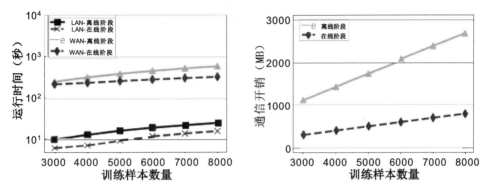

图 4-6　本章方案在不同训练样本数量下的运行时间(秒)和通信开销(MB)

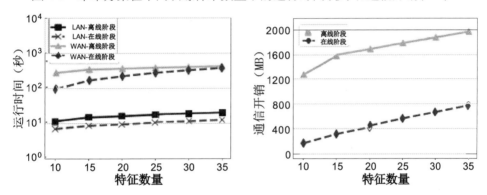

图 4-7　本章方案在不同特征数量下的运行时间(秒)和通信开销(MB)

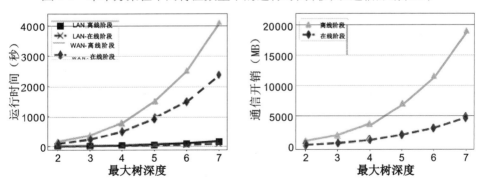

图 4-8　本章方案在不同树深度下的运行时间(秒)和通信开销(MB)

图 4-9 展示了本章提供的安全纵向决策树预测方案在不同树深度下的性能。可以观察到，本章提供的安全纵向决策树预测方案的在线运行时间随

着树深度的增加呈对数增长。换句话说，这意味着随着决策树中间节点的增加，运行时间呈线性增长。这是因为 LAN 上的通信延迟相对较低，则本地加密操作占主导地位。在 WAN 上，通信延迟成为主要的性能瓶颈。因此，随着树深度的增加，在线运行时间大致呈线性增长。由于通信开销与决策树中间节点的数量直接相关，因此在图 4-9（b）中，通信开销随着树深度的增加呈对数增长。

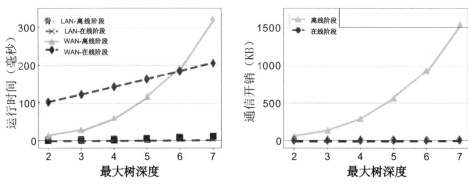

图 4-9　本章提供的安全纵向决策树预测方法在不同树深度下的
运行时间（毫秒）和通信开销（KB）

4.6　本章小结

本章提出了一个用于纵向决策树联邦训练的高效两方密文框架。具体来说，本章基于函数秘密共享技术开发了新的构建模块，包括安全的比较和除法协议。此外，本章通过利用轻量级的基于伪随机函数的 Beaver 三元组技术，进一步降低了乘法操作的开销。大量实验表明，与现有技术相比，本章方案在损失少量精度的情况下，性能提高了几个数量级。

第五章

预测阶段的数据机密性保护技术研究

本章关注预测阶段的数据机密性保护，主要探讨在基于二元神经网络的预测任务中，如何有效保护查询数据与模型参数的机密性。为此，本章设计了一个保护隐私的二元神经网络预测方案，利用二元神经网络的固有特性，提出了新颖的加法器逻辑和分而治之策略，分别用于模型线性层和非线性层的安全高效评估，在支持模型预测功能性的同时，实现了数据机密性保护。

5.1 引言

机器学习即服务已经被广泛应用在现实生活中。用户可以直接发送查询请求至云服务提供商，并获得预测结果。然而，在计算和能源受限的设备(例如智能手机、可穿戴设备和边缘物联网设备)中部署大型的机器学习模型是极具挑战性的。例如，AlexNet[123]包含6000万个参数和65万个神经元，这在计算上是耗时的，并且在推断过程中会消耗大量的内存资源。为了缓解资源受限的问题，研究人员提出二元神经网络（Binarized Neural Network，简称 BNN）[124-125]，作为这些设备的最高效解决方案之一。BNN 是参数量化的极端情况，其中权重和激活被限制为 ±1。这种二元特性使得在资源受限的平台上应用 BNN 时取得了显著进展，因为它们可以节省大量的存储空间、计算资源和能源消耗[126-127]。随着轻量级和实用神经网络的增长趋势，越来越多的学术界研究工作致力于 BNN[128-132]的研究。同时，由于其优越的性能，BNN 已在各种应用中得到应用，如行人重识别[133]、机器人[134]、可穿戴设备[135]和自动驾驶汽车[136]。

与其他机器学习即服务类似，BNN 也面临隐私泄露的问题[50-63]。具体而言，拥有 BNN 模型的云服务器向用户提供预测 API，用户可以将查询样本发送到云服务器并接收相应的分析结果。在此过程中，用户查询可能是高度敏感的，服务器可以轻易地窃取用户的隐私。解决上述问题的一个关键技术是安全两方计算，最近大量的工作[45-47,49,52-53,60,68,137]研究了基于安全两方计算技术的保护隐私的机器学习预测协议。该技术保证了云服务器无法获得用户输入 x 和预测结果的任何信息，而用户只获得预测结果，不能获得云服务器端的模型参数信息。

为了实现保护隐私的 BNN 预测，主流的技术包括两种，但是它们都存在显著的效率问题。具体来说，（1）先进的通用安全两方计算系统（例如 Delphi[53]、CrypTFlow2[60]、Cheetah[52]）可以直接应用于 BNN 预测场景。然而，它们并不针对 BNN 的二元特性进行设计，因此存在较大的性能瓶颈。（2）研究人员还设计了专门用于 BNN 预测的新型解决方案。作为第一个尝试，Riazi 等人[50]提出了一个端到端的保护隐私的 BNN 预测框架，称为 XONN。该框架利用混淆电路技术[138]来实现预测过程中的线性和非线性层评估。方案提供了一种将安全两方计算协议与 BNN 集成的模块化方法，实现了常数轮数的开销。然而，正如最近的研究中指出的[52-60]，混淆电路由于需要传输混淆表导致了极高的通信开销，因此成为了 BNN 应用的主要性能瓶颈。最近，Samragh 等人[63]基于 XONN 设计了一种优化的变体，本书称之为 XONN +，其中非线性协议仍然使用昂贵的混淆电路进行构建，但线性函数的评估利用了不经意传输[71]进行设计来获得更好的性能。然而，基于不经意传输的线性层的通信开销仍然很大。

为了实现高性能，本章提出了一个专门为 BNN 定制的保护隐私的安全两方预测协议。协议的核心创新在于利用 BNN 的二元特性来设计针对网络内每一层(即线性层和非线性层)的特定安全协议，包括(1)用于非线性层的符号协议。符号函数是 BNN 中重要且广泛应用的激活函数，用于将线性层的输出二元化。本书提出了一种新的加法逻辑和有效的评估算法来安全地计算此函数。该算法中仅需要较少的通信轮数和 AND 门。(2)用于二元线性层的高效二进制矩阵乘法协议。在安全的 BNN 预测中，矩阵乘法占据了主要开销，尤其是在通信受限的情况下。为了解决这个问题，本书首先提出了一种基于相关 OT[61]的安全二进制矩阵乘法协议，进一步设计了一种分治策略，将矩阵乘法问题递归地分解为多个子问题，使得每个子问题的规模更小，可以更有效地评估。(3)用于输入线性层的乘法协议。该协议是为 BNN 的输入线性层定制的，其中权重是二进制数值，但输入样本是整数元素。本书采用了一种新颖的基于相关 OT 技术的评估方法，以获得更好的通信开销。

综上所述，本章工作的主要贡献可总结如下。

(1)本章提供了一种保护隐私的二元神经网络预测方案，利用二元特性，实现了预测过程的安全高效评估。

(2)本章为非线性层评估设计了新的加法逻辑和评估算法，同时提出了一种高效的分治策略和定制化构造，用于线性层评估。

(3)本章通过大量的实验评估，展示所提方案在通信和计算效率方面的优势。

5.2 系统模型与威胁模型

本章研究保护隐私的二元神经网络预测方案，方案包括用户和云服务器两个实体，具体如下。

1.云服务器：云服务器持有训练好的二元神经网络模型，接收用户的预测请求，并将预测结果返回给用户。

2.用户：用户持有预测样本，向云服务器请求预测服务，接收返回的预测结果。

类似于先前的保护隐私的机器学习预测方案[49,53,60,139]，本章假设半诚实的概率多项式敌手。具体而言，敌手可以攻击云服务器或用户，在严格地遵守协议流程的前提下，通过分析接收的消息，尝试推断另一个诚实实体的隐私信息。基于上述的敌手假设，本章主要目标是保护整个预测过程中云服务器的二元神经网络模型隐私，以及用户的预测输入和输出隐私。

5.3 保护隐私的二元神经网络预测方案

本章提出了一个保护隐私的二元神经网络模型预测方案，保证预测阶段数据的机密性。类似于普通神经网络，BNN 由交替的适当维度的线性层和非线性层组成(详细介绍参阅第 2.2.5 节)，本章为 BNN 的线性层和非线性层分别设计了高效的安全两方计算协议。利用安全计算协议的顺序可组合性质[140-141]，组合这些线性层和非线性层子协议直接实现了端到端的保护隐私的 BNN 预测方案。本章设计的每一层协议都维持以下不变量：用户和云服务器的输入为布尔或算数加法秘密分享，输出也是布尔或算数加法秘密分享。该不变量有利于协议的任意组合。图 5-1 展示了端到端的预测示意图。

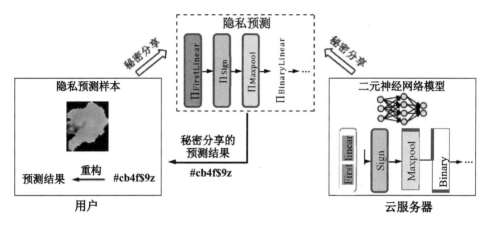

图 5-1   保护隐私的二元神经网络预测方案

在详细介绍本章协议之前，首先给出协议依赖的理想函数。具体来说，本章协议依赖下述两个理想函数。

1.布尔到算术的转换（Boolean to arithmetic，简称 B2A）：ℓ 比特的 B2A 理想函数 F_{B2A}^{ℓ} 接收 $[x]^B$ 作为输入，并返回在相同值 x 上的算术分享 $[x]^{\ell}$。本章使用基于 $\text{silent}\binom{2}{1}\text{-COT}_{\ell}$ 的协议实例化该理想函数[52]。协议需要 2 个通信轮次，通信量为 $\ell+1$ 比特。具体协议在算法 5-1 中给出。

2.已知最高有效位的比特扩展（Bitlength extension with known MSB，简称 SExt）：SExt 理想函数 $F_{\text{SExt}}^{\ell',\ell}$），接收 ℓ' 比特的秘密分享 $[x]^{\ell'}$ 作为输入，其中 x 为正数，并返回在相同值上的 ℓ 比特的秘密分享 $[x]^{\ell}$。本章使用基于 silent OT 的协议实例化该理想函数[139]，其通信开销为 $\ell-\ell'+3$ 比特。具体协议在算法 5-2 中给出。

算法 5-1 布尔到算术转换协议 Π_{B2A}

输入：P_0 和 P_1 分别拥有 $[x]_0^B$ 和 $[x]_1^B$，其中 $x \in \{0, 1\}$。

输出：P_0 和 P_1 分别获得 $\langle y \rangle_0^\ell$ 和 $\langle y \rangle_1^\ell$，满足 $y = x$。

1. P_0 和 P_1 调用 1 次 $\binom{2}{1}\text{-COT}_\ell$，其中 P_0 作为发送者输入一个相关函数 $f(\alpha) = \alpha + [x]_0^B$，同时 P_1 作为接受者输入 $[x]_1^B$。$\binom{2}{1}\text{-COT}_1$ 的执行结束后，P_0 获得 r 并设置 $z_0 = 2^\ell - x$，P_1 获得 z_1；

2. P_i，其中 $i \in \{0, 1\}$，本地计算 $[y]_i^\ell = [x]_i^B - 2 \cdot z_i$。

算法 5-2 已知最高有效位的比特扩展协议 $\Pi_{\mathrm{SExt}}^{\ell', \ell}$

输入：P_0 和 P_1 分别拥有 $[x]_0^{\ell'}$ 和 $[x]_1^{\ell'}$，其中 $\mathrm{MSB}(x) = 0$。

输出：P_0 和 P_1 分别获得 $[y]_0^\ell$ 和 $[y]_1^\ell$，满足 $y = x$。

1. P_0 和 P_1 调用 $F_{\mathrm{AND} *}(\neg \mathrm{MSB}([x]_0^{\ell'}), \neg \mathrm{MSB}([x]_1^{\ell'}))$，获得 $[z]^B$；

2. P_0 和 P_1 分别设置 $[w]_0^B = [z]_0^B \oplus 1$ 和 $[w]_1^B = [z]_1^B$，其中 $w = \mathrm{MSB}([x]_0^{\ell'}) \vee \mathrm{MSB}([x]_1^{\ell'})$；

3. P_0 和 P_1 调用 $F_{\mathrm{B2A}}^{\ell - \ell'}([w]^B)$，获得 $[w]^{\ell - \ell'}$；

4. P_i，其中 $i \in \{0, 1\}$，本地计算 $[y]_i^\ell = [x]_i^{\ell'} - 2^{\ell'} \cdot [w]_i^{\ell - \ell'} \bmod 2^\ell$。

5.3.1 保护隐私的非线性层协议

BNN 中的非线性层包括（1）符号（Sign）激活层，其中输入为有符号整数值，输出为二进制值；（2）二元最大池化层，其中输入和输出均为二进制值。本节将详细描述针对这两个层设计的高效密码协议，算法 5-3 展示了相应的理想函数。

5.3.1.1 符号激活协议

符号激活函数对每个输入 x 计算 $y = \mathrm{sign}(x)$，如果 $x \geq 0$，则输出 +1，

否则输出 -1。如果用布尔值表示输出，该函数可以简化为提取 x 的最高有效位（Most Significant Bit，简称 MSB）。变换后的符号激活函数表示为

$$y = \mathrm{MSB}(x) \oplus 1. \qquad (5\text{-}1)$$

正式地，MSB 协议输入算数秘密分享 $[x]^\ell$，输出布尔秘密分享 $[\mathrm{MSB}(x)]^B$。为了高效地评估 MSB 协议，本章将其表示为一个布尔电路上的加法器，然后提取结果的最高有效位。

算法 5-3 非线性层协议的理想函数

参数：一个算术环 $\mathbb{Z}_{2^\ell}$ 和一个布尔环 $\mathbb{Z}_2$。

1. **符号激活理想函数 F_{Sign}：**用户和云服务器分别输入算数分享 $[x]_0^\ell \in \mathbb{Z}_{2^\ell}^n$ 和 $[x]_1^\ell \in \mathbb{Z}_{2^\ell}^n$，输出 $[y]_0^B = r \in \mathbb{Z}_2^n$ 至用户，输出 $[y]_1^B = \mathrm{sign}(x) \oplus r \in \mathbb{Z}_2^n$ 至云服务器，其中 r 从 $\mathbb{Z}_2^n$ 上均匀随机采样。

2. **二元最大池化理想函数 F_{Maxpool}：**用户和云服务器分别输入布尔分享 $[x_1]_0^B \in \mathbb{Z}_2^{n \times n}$，$\cdots$，$[x_m]_0^B \in \mathbb{Z}_2^{n \times n}$ 和 $[x_1]_1^B \in \mathbb{Z}_2^{n \times n}$，$\cdots$，$[x_m]_1^B \in \mathbb{Z}_2^{n \times n}$，对于所有的 $i \in [m]$，输出 $[y_i]_0^B = r_i \in \mathbb{Z}_2$ 至用户，$[y_i]_1^B = \max(x_i) \oplus r_i \in \mathbb{Z}_2$ 至云服务器，其中 r_i 从 $\mathbb{Z}_2$ 上均匀随机采样。

目前有三种策略可以安全地评估 MSB。第一种基于混淆电路技术的方法，这种方法在先前的安全 BNN 预测工作中被广泛使用[50-63]。然而，正如在引言中讨论的，混淆电路具有很大的通信和计算开销[60]。第二种是利用不经意传输技术的方法，这种方法在目前最先进的基于安全两方计算的预测系统 Cheetah 中被提出[52]。然而，该解决方法的缺点是需要多次调用昂贵的 1-out-of-2^m 不经意传输原语，其中 m 是一个超参数。第三种是使用高级加法器进行评估，如并行前缀加法器（Parallel-prefixAdder，简称 PPA）[94-95]。这类加法器由两部分组成：输入计算和电路评估。二者都需要 AND 操作和 XOR 操作。然而，直接应用加法器构造无法实现比 Cheetah 更好的性能[52]。主要原因是加法器中包含大量 AND 门，并需要多个通信轮次

进行评估。综上所述，现存方法都存在明显的性能瓶颈。

为了高性能，本章为 MSB 评估提供了一种新的构造逻辑和高效的协议设计。假设 ℓ 是 2 的幂次，具体的协议流程如下所示。

设 $e_\ell, \cdots, e_1$ 和 $f_\ell, \cdots, f_1$ 分别是 $[x]_0^\ell$ 和 $[x]_1^\ell$ 的比特分解，因此 $\text{MSB}(x) = c_\ell \oplus e_\ell \oplus f_\ell$，其中 c_ℓ 是第 ℓ 位的进位，可表示如下：

$$c_\ell = c_{\ell-1} \wedge (e_{\ell-1} \oplus f_{\ell-1}) \oplus (e_{\ell-1} \wedge f_{\ell-1}). \tag{5-2}$$

为了计算 c_ℓ，本章构建了一个 $\log \ell$ 层的树，并从叶节点遍历树直到达到根节点。叶节点遵循以下操作：

$$g_k^1 = g_k$$
$$p_j^1 = p_{2j-1} \wedge p_{2j-2}, \tag{5-3}$$

其中 $k \in [\ell-1]$，$j \in [2, \ell/2]$。然后在第 r 层 ($r = 2$) 中，树节点按照以下方式需要更新 g 和 p：

$$g_k^r = g_{2k-1}^{r-1} \oplus (g_{2k-2}^{r-1} \wedge p_{2k-1}^{r-1})$$
$$g_1^r = g_2^r \oplus (g_2^{r-1} \wedge p_2^{r-1}) \tag{5-4}$$
$$p_j^r = p_{2j}^{r-1} \wedge p_{2j-1}^{r-1},$$

其中 $k \in [2, \ell/2^{r-1}]$，$j \in [2, \ell/2^r]$。当 $r \geqslant 3$ 时，g_k^r 的计算变为 $g_k^r = g_{2k}^{r-1} \oplus (g_{2k-1}^{r-1} \wedge p_{2k}^{r-1})$，此外，其他操作遵循公式 5-4。最后，$c_\ell$ 等于 $g_1^{\log \ell}$，然后 $\text{MSB}(x)$ 可通过执行两次 XOR 操作生成。

对于 AND 门的评估，本章识别出两种不同的输入形式，分别提供了基于 silent OT[61] 的定制化协议。具体来说，对于中间节点以及叶节点中的 p_j^1，其中 $j \in [2, \ell/2]$，输入是布尔秘密分享，因此本章使用通用的输入分享的 AND 协议[52] 来执行 AND 运算。对于叶节点中的 g_k^1，其中 $k \in [\ell-1]$，输入 e_i 和 f_i 分别由云服务器和用户持有，本章可以使用输入非分享的 AND 协议进行评估。输入非分享的 AND 协议仅需要调用一次 $\binom{2}{1}$-ROT_1，通信为 2 比特，与输入分享的 AND 协议相比，节省了一半的通信和计算开销。详细的两个 AND 协议分别展示在算法 5-4 和算法 5-5 中。两个协议对应的理想函数分别计作 F_{AND} 和 $F_{\text{AND}*}$。

算法 5-4 输入分享的 AND 协议 Π_{AND}

参数：用户 P_0 和云服务器 P_1。

输入：P_0 和 P_1 拥有 $[x]^B$ 和 $[y]^B$，其中 $x, y \in \{0, 1\}$。

输出：P_0 和 P_1 分别获得 $\langle z \rangle_0^B$ 和 $\langle z \rangle_1^B$，满足 $z = x \wedge y$。

1. P_0 和 P_1 调用 2 次 $\binom{2}{1}$-ROT_1，输出 $([c]_0^B, [a]_0^B, [b]_0^B)$ 和 $([c]_1^B, [a]_1^B, [b]_1^B)$，满足 $[c]_0^B \oplus [c]_1^B = ([a]_0^B \oplus [a]_1^B) \wedge ([b]_0^B \oplus [b]_1^B)$；

2. P_0 和 P_1 本地计算 $[e]^B = [x]^B \oplus [a]^B$ 和 $[f]^B = [y]^B \oplus [b]^B$，并计算 $e = Rec^B([e]_0^B, [e]_1^B)$ 和 $f = Rec^B([f]_0^B, [f]_1^B)$；

3. 对于 $i \in \{0, 1\}$，P_i 本地计算 $[z]_i^B = (i \wedge e \wedge f) \oplus ([a]_i^B \wedge f) \oplus ([b]_i^B \wedge e) \oplus [c]_i^B$。

算法 5-6 详细展示了本章提供的符号协议的具体操作。该协议在计算和通信性能方面显著优于当前先进的并行前缀加法器 PPA[91-94]。具体来说，(1)本章提供的协议通过减少所需的交互轮次最小化了网络延迟的影响，实现了更好的性能。PPA 加法器包括两个过程来计算 MSB：首先需要一轮交互来计算输入，然后需要 $\log \ell$ 轮交互来评估一个加法电路。因此，PPA 加法器共需要 $\log \ell + 1$ 轮交互。相比之下，本章协议的评估逻辑减少了一轮交互。(2)布尔电路的评估开销主要来自于 AND 门，本书方法调用更少的 AND 门，并为两种不同输入形式的 AND 分别提供了定制化的协议。相比之下，PPA 加法器需要更多的 AND 运算，同时没有利用 AND 门的输入特征，即，对所有 AND 门使用通用 AND 评估协议。此外，除了能用到 BNN 中的符号激活函数外，本章的符号协议还可以作为许多操作的通用构建块，如 ReLU[52]、截断[60]、和各类数学函数[139]。

算法 5-5 输入非分享的 AND 协议 Π_{AND*}

参数：用户 P_0 和云服务器 P_1。

输入：P_0 和 P_1 分别持有 x 和 y，其中 $x, y \in \{0, 1\}$。

输出：P_0 和 P_1 分别获得 $\langle z \rangle_0^B$ 和 $\langle z \rangle_1^B$，使得 $z = x \wedge y$。

1. P_0 和 P_1 调用 1 次 $\binom{2}{1}$-ROT_1，分别生成 $([c]_0^B, a)$ 和 $([c]_1^B, b)$，满足 $[c]_0^B \oplus [c]_1^B = a \wedge b$；

2. P_0 计算 $e = x \oplus a$ 并将 e 发送给 P_1，P_1 计算 $f = y \oplus b$ 并将 f 发送给 P_0；

3. P_0 本地计算 $[z]_0^B = (a \wedge f) \oplus [c]_0^B$，$P_1$ 本地计算 $[z]_1^B = (y \wedge e) \oplus [c]_1^B$。

算法 5-6 保护隐私的符号激活协议 Π_{Sign}

   参数： 用户 P_0 和云服务器 P_1，一个算术环 $\mathbb{Z}_{2^\ell}$，一个布尔环 $\mathbb{Z}_2$，理想函数 $F_{\text{AND}*}$ 和 F_{AND}。

   输入： 算术分享 $[x]^\ell \in \mathbb{Z}_{2^\ell}$。

   输出： 布尔分享 $[y]^B = \text{sign}(x) \in \mathbb{Z}_2$。

1. P_0 和 P_1 将 $[x]_0^\ell$ 和 $[x]_1^\ell$ 解析为 $e_\ell \| e_{\ell 1} \| \cdots \| e_1$ 和 $f_\ell \| f_{\ell-1} \| \cdots | f|_1$；

2. P_0 和 P_1 分别初始化 $\{[g]_0^B, [p]_0^B = \{e_i \mid i \in [\ell]\}\}$ 和 $\{[g]_1^B, [p]_1^B = \{f_i \mid i \in [\ell]\}\}$；

3. P_0 和 P_1 调用 $F_{\text{AND}*}([p[i]]_0^B, [p[i]]_1^B)$ 来获得 $[g[i]]^B$，其中 $i \in [\ell-1]$，并调用 $F_{\text{AND}}([p[2i-1]]^B, [p[2i-2]]^B)$ 来获得 $[p[i]]^B$，其中 $i \in \{2, \cdots, \frac{\ell}{2}\}$；

4. for $r \in \{2, \cdots, \log\ell\}$ **do**

5.   **if** $r = 2$ **then**

6. P_0 和 P_1 调用 $F_{\text{AND}}([g[2i-2]]^B, [p[2i-1]]^B)$ 得到 $[a]^B$，然后对于 $i \in [2, \frac{\ell}{2^{r-1}}]$，本地计算 $[g[i]]^B = [g[2i-1]]^B \oplus [a]^B$；

7.   **end**

8.   **else**

9. P_0 和 P_1 调用 $F_{\text{AND}}([g[2i-1]]^B, [p[2i]]^B)$ 得到 $[a]^B$，然后对于 $i \in [2, \frac{\ell}{2^{r-1}}]$，本地计算 $[g[i]]^B = [g[2i]]^B \oplus [a]^B$；

10.   **end**

11. P_0 和 P_1 调用 $F_{\text{AND}}([g[1]]^B, [p[2]]^B)$ 得到 $[a]^B$，然后本地计算 $[g[1]]^B = [g[2]]^B \oplus [a]^B$；

12. P_0 和 P_1 调用 $F_{\text{AND}}([p[2i]]^B, [p[2i-1]]^B)$ 得到 $[p[i]]^B$，其中 $i \in [2, \frac{\ell}{2^r}]$；

13. end

14. P_0 输出 $[y]_0^B = e\ell \oplus [g[1]]_0^B$，$P_1$ 输出 $[y]_1^B = f\ell \oplus [g[1]]_1^B$。

1. 通信复杂性：在此协议中，用户和云服务器仅需要在调用 $F_{\text{AND}*}$ 和 F_{AND} 时进行通信。为了计算 $[g_k^1]^B$，对于 $k \in [\ell-1]$，协议需要 $\ell-1$ 个输入非分享的 AND 门。然后，加法器的叶子节点评估还需要 $\left(\dfrac{\ell}{2}-1\right)$ 个输入分享的 AND 门，用于计算 p_j^1，其中 $j \in [2, \ell/2]$。进一步地，在第 r 层，$r \in \{2, 3, \cdots, \log \ell\}$，需要 $\dfrac{\ell}{2^r} \times 3 - 1$ 个 AND 门。总体而言，协议需要调用 $\ell-1$ 个 $F_{\text{AND}*}$ 实例和 $2\ell - \log \ell - 3$ 个 F_{AND} 实例，总通信量为 $2(\ell-1)+4(2\ell-\log\ell-3)=10\ell-4\log\ell-14$ 比特。表 5-1 展示了 Π_{Sign} 协议的通信复杂性，并与之前的工作进行了比较。

表 5-1　本章提供的符号激活函数协议的通信开销

开销类型	协议	通信量	通信轮次
理论复杂度	GC[50]	$2\lambda\ell$	2
	GC[63]	$5\lambda\ell$	2
	GMW[142]	$\approx 6\lambda\ell$	$\log \ell + 3$
	OT[52]	$11(\ell-1)$	$\log \ell$
	本章协议	$10\ell-4\log\ell-14$	$\log \ell$
具体开销	GC[50]	2048 比特	2
	GC[63]	5120 比特	2
	GMW[142]	≈ 6144 比特	6
	OT[52]	77 比特	3
	本章协议	54 比特	3

注：在具体开销中，安全参数 $\lambda=128$，输入长度 $\ell=8$。

2. 一般情况：输入 x 的比特长度 ℓ 可能有三种情况，分别为（1）2 的幂次方（算法 5-6 适用于这种情况），（2）偶数但不是 2 的幂次方，以及（3）奇数。在每一轮 $r \in [\lceil \log \ell \rceil]$ 中，对 $\{p^r\}$ 和 $\{g^r\}$ 的评估在这三种情况下是相同的，在计算 g_1^r 时只有轻微的差异。因此，可以对协议 Π_{Sign} 进行轻微的修改以适应后两种情况。具体来说，对于情况（2），在第 $r \in [2, \lceil \log \ell \rceil]$ 轮中，

如果 $\left[\dfrac{\ell}{2^{r-1}}\right]$ 是偶数，则 $[g_1^r]^B = [g_2^r]^B \oplus [g_1^{r-1}]^B \wedge [p_2^{r-1}]^B$ 将通过调用算法 5-6 的第 11 行进行评估；否则，将无须计算 $[g_1^r]^B$，因为 $[g_1^r]^B = [g_1^{r-1}]^B$。除此之外，其他操作与情况（1）中的相同。对于情况（3），在第 2 轮中，$[g_1^2]^B = [g_2^1]^B \oplus [g_1^1]^B \wedge [p_2^1]^B$ 将通过调用 F_{AND} 进行评估，其他操作与情况（2）中相同。

3. 结合符号激活与批量归一化。 在 BNN 中，批量归一化层在应用激活函数之前对特征 x 进行归一化。本章可以利用融合技术[50]，在无额外协议开销的情况下评估批量归一化。具体来说，批量归一化层结合激活函数的评估等效于 $y = \text{sign}(\gamma \cdot x + \beta) = \text{sign}\left(x + \dfrac{\beta}{\gamma}\right)$，其中，$\gamma$ 是正值。因此，整个协议可以通过单次调用协议 Π_{Sign} 来实现。

5.3.1.2 二元最大池化协议

二元最大池化层用于在大小为 $n \times n$ 的滑动窗口内获取二进制激活中的最大值。此操作可以表示为 $y = \max(x)$，其中 $x = (x_1, \cdots, x_{n \times n}) \in \{+1, -1\}^{n \times n}$。给出布尔编码表示，即 $+1 \to 1$ 且 $-1 \to 0$，此函数可以用 AND 和 NOT 门进行如下表示：

$$\max(x) = \neg(\neg x_1 \wedge \neg x_2 \wedge \cdots \wedge \neg x_{n \times n}). \tag{5-5}$$

先前协议[50-63]使用混淆电路（Garbled Circuit，简称 GC）来安全评估该式。然而，混淆电路的固有局限性在于其昂贵的通信开销。例如，如表 5-2 所示，由于传输混淆表[138]而产生的通信开销高达 $2\lambda(n^2 - 1)$ 比特。

为了高效地评估 max，本章尝试构建一个基于 silent OT 技术的 max 协议，并使用树归约模式来降低通信轮次。本章观察到，在保护隐私的二元神经网络预测中，max 函数的输入是布尔分享 $[x]_0^B$ 和 $[x]_1^B$，在这些分享值上评估 NOT 门是几乎没有开销的，并且 AND 门可以通过调用 F_{AND} 有效地实现。基于这一观察，本章的解决方案只需 $4(n^2 - 1)$ 比特的通信量，与基于混淆电路的方法相比[50-63]，本章方案实现了 $\dfrac{\lambda}{2}$ 倍的通信改进，即至少提高了 64 倍。此外，本章并不是顺序地在 $n \times n$ 个元素上评估 AND 门，而是使用树归约模式来减少通信轮次。这里的思路是将输入递归地划分成两部分，然后递归评估每一部分元素的 max。具体来说，为了简化问题，本章假设 n 是 2 的幂（一般情况将在下文讨论），双方将 $n \times n$ 个值排成一个深度为 $\log n^2$ 的二叉树，并以自顶向下的方式评估该树。算法 5-7 详细描述了本章提供的安全二元最大池化协议。

算法 5-7 安全二元最大池化协议 Π_{Maxpool}

参数：用户 P_0 和云服务器 P_1，理想函数 F_{AND}。

输入：布尔分享 $[x]^B$，其维度为 $n \times n$。

输出：布尔分享 $[y]^B = \max(x)$。

1. P_0 和 P_1 分别计算 $[t]_0^B = [x]_0^B$ 和 $[t]_1^B = [x]_1^B \oplus 1$；

2. **for** $j \in [1, \log n^2]$ **do**

3. P_0 和 P_1 调用 $F_{\text{AND}}([t[2(k-1)+1]]^B, [t[2(k-1)+2]]^B)$ 得到 $[t[k]]^B$，

   其中 $k \in \left[\dfrac{n^2}{2^i}\right]$；

4. **end**

5. P_0 和 P_1 分别计算 $[y]_0^B = [t[0]]_0^B$ 和 $[y]_1^B = [t[0]]_1^B \oplus 1$。

4. 通信复杂性：在上述协议中，用户和云服务器仅在第 3 行中的 F_{AND} 内进行通信。总体而言，该协议需要为每个大小为 $n \times n$ 的窗口评估分配 $n^2 - 1$ 个 AND 门。因此，给定 m 个滑动窗口，总通信开销为 $4m(n^2 - 1)$ 比特，通信轮次为 $\log n^2$。表 5-2 中给出了协议 Π_{Maxpool} 的通信复杂度，并与先前工作进行了比较。

表 5-2　本章提供的二元最大池化函数协议的通信开销

开销类型	协议	通信量	通信轮次
理论复杂度	GC[50-63]	$2\lambda(n^2 - 1)$	2
	本章协议	$4(n^2 - 1)$	$\log n^2$
具体开销	GC[50-63]	768 bits	2
	本章协议	12 bits	2

注：在具体开销中，安全参数 $\lambda = 128$，大小 $n = 2$。

5. 一般情况： 通过进行简单的修改，协议 Π_{Maxpool} 可以直接扩展到窗口大小不是 2 的幂的情况。这种情况下没有完美的二叉递归树，需要稍微修改上文提到的树遍历方式。受 CrypTFlow2[60] 的启发，本章的关键思想是构建多个可能的最大完美二叉子树，其中叶子是窗口内元素的不相交子集。可以使用算法 5-7 评估这些子树以获得相应的输出。然后，以相同的方式，这些输出将作为叶子节点继续进行树评估，直到获得最终结果。

5.3.2 保护隐私的线性层协议

根据输入形式的不同，BNN 中的线性层可分为两类：（1）二元线性层，其中输入和权重都是二进制值；（2）输入线性层，其中权重为二进制值，输入是整数元素。接下来，本章详细介绍了针对这两种层的高效安全协议，对应的理想函数在算法 5-8 中给出。

算法 5-8 线性层协议的理想函数

参数： 一个环 Z_{2^ℓ}，二元线性层函数包括如下参数：维度 m，n，k，输出值比特长度 $\ell = \lceil \log(n+1) \rceil + 1$。原始二元模型权重 W' 和原始二元输入 X'。输入线性层函数包括如下参数：维度 m，n，k，输入的比特长度 ℓ，输出值比特长度 $\ell' = \ell + \lceil \log n \rceil$。

1. **二元线性层函数** $F_{\text{BinaryLinear}}$：用户和云服务器分别输入布尔分享 $[X]_0^B \in \{0, 1\}^{n \times k}$ 和 $[X]_1^B \in \{0, 1\}^{n \times k}$，云服务器额外输入 $W \in \{0, 1\}^{m \times n}$，输出 $[Y]_0^B = R \in Z_{2^\ell}^{m \times k}$ 至用户，$[Y]_0^B = W' \cdot X' - R \in Z_{2^\ell}^{m \times k}$ 至云服务器，其中 R 是从 $Z_{2^\ell}^{m \times k}$ 中均匀随机采样得到的。

2. **输入线性层函数** $F_{\text{FirstLinear}}$：用户输入 $X \in Z_{2^\ell}^{n \times k}$，云服务器输入 $W \in \{+1, -1\}^{m \times n}$，输出 $[Y]_0^{\ell'} = R \in Z_{2^{\ell'}}^{m \times k}$ 给用户，输出 $[Y]_1^{\ell'} = W \cdot X - R \in Z_{2^{\ell'}}^{m \times k}$ 至云服务器，其中 R 是从 $Z_{2^{\ell'}}^{m \times k}$ 中均匀随机抽样的。

5.3.2.1 二元线性层协议

二元线性层可以形式化为 $Y = W \cdot X$，其中 $W \in \{-1, +1\}^{m \times n}$ 是云服务器拥有的模型权重，而输入 $X \in \{-1, +1\}^{n \times k}$ 是在云服务器和用户之间

秘密分享的。正如先前研究 XONN[50] 所述，如果 W 和 X 被编码为布尔值，那么上述二元矩阵乘法操作可以通过 XNOR-PopCount 范式来评估。为了方便理解，在图 5-2 中，本章用向量形式进行了示例，即 W[j, ·]·X[· , i]。简而言之，首先计算编码的 W[j, ·] 和 X[· , i] 之间的逐元素 XNOR 操作。接下来，执行 PopCount：首先计算 p 作为 XNOR 输出向量的求和，然后输出 $2p - n$。在这个范式中，XNOR 几乎没有开销，因此主要的挑战是如何高效计算求和值 p，这是安全 BNN 预测中的主要性能瓶颈。

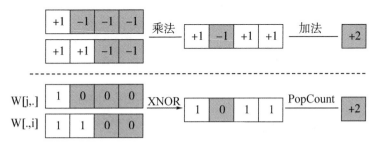

图 5-2　二元线性层协议评估示例

本章研究了布尔到算术的转换协议，即 B2A，因为算术分享上的求和操作是不需要进行交互的。具体来说，本章首先利用相关 OT 技术将布尔分享转换为 $\ell = \lceil \log (n + 1) \rceil + 1$ 比特长的算术分享，以避免求和结果溢出[63]。然后，本章在生成的算术分享上本地计算求和结果。当扩展到矩阵操作时，本章通过设置接收方和发送方的 COT 消息，进一步降低计算和通信的复杂性。关键思路是，对于每个 $j \in [m]$，XNOR 操作的评估可以表示为 $Z[j, ·] = W[j, ·] \oplus X[· , i] \oplus 1$。这里，$[Z[j, ·]]_1^B = W[j, ·] \oplus [X[· , i]]_1^B \oplus 1$，而 $[Z[j, ·]]_0^B$ 是不变的，始终等于 $[X[· , i]]_0^B$，这意味着相同的选择比特 $[X[· , i]]_0^B$ 被用来选择对应的列 $[Z]_1^B$。之前方法需要调用 mnk 次 COT，而本章方法只需要调用 nk 次相关 OT 来计算 Z。更重要的是，在 COT 实现中，掩码比特长度（即 AES 的块大小）通常为 128。因此，上述方法中的掩码长度可使用 $\frac{m\ell}{128}$ 个 AES 评估来生成，实现 $\frac{128}{\ell}$ 倍的计算性能提升。因此，相比于之前的方法[50-63]，本章协议实现了更好的性能。表 5-3 中展示了二元线性层协议的通信复杂度，并与之前的工作进行了比较。

尽管上述求和协议在不同的网络环境(即 LAN 和 WAN)都优于现有的协议,但其实际开销对网络带宽非常敏感。主要原因是该协议的理论通信复杂度为 $O(n\ell)$,从而导致在通信受限的网络环境中运行时间明显增加。然而,优化这种开销是困难的,因为任何对 n 或 ℓ 的减少都会影响正确性。本章提出了一种分而治之的策略,通过略微增加通信轮次来减少通信开销。主要思路是首先对每个 n' 维($n' < n$)子向量进行求和,使得 B2A 输出的比特长度更小。本文设置中间比特长度为 $\ell' = \lceil \log(n'+1) \rceil + 1$。因此得到了 $\lceil \frac{n}{n'} \rceil$ 个求和结果。然后,本章执行 ℓ' 比特到 ℓ 比特的扩展理想函数 $F_{\mathrm{SExt}}^{\ell',\ell}$,并对扩展后的结果进行求和。总体而言,通信复杂度是 $O(n\ell' + \frac{n}{n'}(\ell - \ell'))$。通过适当选择 n',相比于原始的解决思路,该优化协议节省了几乎一半的通信开销,见表 5-3 所列。算法 5-9 中给出了本章提供的二元线性层安全评估协议的具体操作。

表 5-3　本章提供的二元线性层协议的通信开销

开销类型	协议	通信开销	通信轮次
理论复杂性	GC[50]	$\approx 5\lambda mnk$	2
	OT[63]	$mn(2kl + \lambda)$	2
	本章协议	$nk(1 + ml)$	2
	本章的优化协议	见公式 5-6	5
具体开销	GC[50]	$\approx 68.90\mathrm{MB}$	2
	OT[63]	$2.37\mathrm{MB}$	2
	本章协议	$0.97\mathrm{MB}$	2
	本章的优化协议	$0.56\mathrm{MB}$	5

注:输入 X 和 Y 的维度分别为 $m \times n$ 和 $n \times k$;$\ell = \lceil \log(n+1) \rceil + 1$;安全参数 $\lambda = 128$,输入维度为 196×144 和 144×32。

通信复杂度:本章首先给出没有优化的二元线性层协议的通信开销,即用户和云服务器进行 nk 次 $\binom{2}{1}$-COT$_{m\ell}$ 通信。因此,总通信量为 $nk(m\ell +$

1)比特。然后分析了优化协议的通信复杂度，其中协议由两个通信过程组成，即 B2A 和比特长度扩展。B2A 需要 nk 次相关 OT，引入了 $nk(m\ell'+1)$ 比特的通信，通信轮次为 2 轮，其中 $\ell'=\lceil \log(n'+1)\rceil+1$。比特长度扩展过程需要调用 $mk\lceil \frac{n}{n'}\rceil$ 次 $F_{\text{SExt}}^{\ell',\ell}$，引入了 $mk\lceil \frac{n}{n'}\rceil(3+\ell-\ell')$ 比特的通信，通信轮次为 3 轮，其中 $\ell=\lceil \log(n+1)\rceil+1$。总通信开销如下：

$$nk(m\ell'+1)+mk\lceil \frac{n}{n'}\rceil(3+\ell-\ell'). \tag{5-6}$$

5.3.2.2 输入线性层协议

对于 BNN 的输入线性层，输入样本不一定被二元化。因此，在计算矩阵乘法 $Z=X\cdot Y$ 时，$X\in\{-1,1\}^{m\times n}$ 是云服务器拥有的二元权重矩阵，用户输入样本是一个整数矩阵 $Y\in Z_{2^\ell}^{n\times k}$。

先前解决方案[50-63]效率低的主要原因是 OT 的调用导致较高的通信量。为了降低协议的通信开销，本章旨在通过构建发送方消息之间的相关函数来建立基于相关 OT 的新评估方法。具体来说，本章考虑云服务器和用户共同计算标量乘法 $x\cdot y$ 的实例，其中 $x\in\{-1,1\}$，$y\in Z_{2^\ell}$。为此，用户首先构造一个相关函数 $f(\alpha)=2y+\alpha$。然后，两方调用一个相关 OT，其中用户作为发送方，输入相关函数 $f(\cdot)$，云服务器作为接收方输入选择比特 b。协议执行结束之后，用户将输出分享设置为 $[x\cdot y]_0=-\alpha-y$，云服务器将输出分享设置为相关 OT 的输出，即 $[x\cdot y]_1=b\cdot 2y+\alpha$。因此，上述两个分享的重构结果为 $x\cdot y$。当将上述想法扩展到矩阵形式时，可以使用批处理技术[46,62]进一步减少计算和通信复杂性。表 5-4 显示了上述方法的通信复杂度，详细协议在算法 5-10 中给出。

算法 5-9 保护隐私的二元线性层协议 $\Pi_{\text{BinaryLinear}}$

输入：云服务器提供的模型权重为 $W\in\{0,1\}^{m\times n}$。用户和云服务器的输入分享为 $[X]_0^B$，$[X]_1^B\in\{0,1\}^{n\times k}$。

输出：用户和云服务器输出算术分享 $[Y]^\ell=W'\cdot X'\in Z_{2^\ell}^{m\times k}$，其中 W' 和 X' 分别为原始的权重和输入。

1. for $i\in[k]$ **do**

2. 用户和云服务器分别初始化空的 $m \times n$ 矩阵 T_c 和 T_s；

3. 对于 $j \in [m]$，用户设置 $[Z[j, \cdot]]_0^B = [X[\cdot, i]]_0^B$；云服务器设置 $[Z]_1^B$ $= (W \boxplus [X[\cdot, i]]_1^B) \oplus 1$；

4. **for** $j \in [n]$ **do**

5. 云服务器构造相关函数 $f_j(\alpha) = \alpha - 2[Z[\cdot, j]]_1^B$，其中 $\alpha \in Z_{2\ell'}^m$；用户设置 $b_j = [Z[0, j]]_0^B$；

6. 用户和云服务器调用相关 OT，其中云服务器作为发送方输入 f_j，用户作为接收方输入选择比特 b_j。云服务器将其输出设置为 $T_s[\cdot, j]$，用户将其输出设置为 $T_c[\cdot, j]$；

7. 云服务器设置 $[M[\cdot, j]]_0^{\ell'} = [Z[\cdot, j]]_0^B - T_s[\cdot, j] \bmod 2^{\ell'}$；用户设置 $[M[\cdot, j]]_1^{\ell'} = [Z[\cdot, j]]_1^B + T_c[\cdot, j] \bmod 2^{\ell'}$；

8. **end**

9. 对于 $j \in \left[\lceil \frac{n}{n'} \rceil \right]$，用户和云服务器本地计算

10. $[Q[q, j]]\ell' = \sum_{t \in [n']} [M[q, j \cdot n' + t]]\ell' \bmod 2^{\ell'}$，其中 $q \in [m]$；用户和云服务器调用 $F_{SExt}^{\ell', \ell}([Q]^{\ell'})$，得到 $[Q]^{\ell}$；

11. 对于 $j \in [m]$，用户和云服务器本地计算 $[p]^{\ell} = \sum_{t=1}^{\lceil n/n' \rceil} [Q[j, t]]^{\ell} \bmod 2^{\ell}$，以及 $[Y[j, i]]^{\ell} = 2[p]^{\ell} - n \bmod 2^{\ell}$；

12. **end**

13. 输出 $[Y]^{\ell}$。

通信复杂性： 用户和云服务器仅调用 mn 次相关 OT，因此总体通信开销为 $mn(k\ell + 1)$ 比特，通信轮次为 2 轮。

表 5-4 本章提供的输入线性层协议的通信开销

开销类型	协议	通信开销	轮次轮次
理论复杂性	OT[50-63]	$mn(2\overline{ke} + \lambda)$	2
	本章协议	$mn(1 + \overline{ke})$	2

开销类型	协议	通信开销	轮次轮次
具体开销	OT[50-63]	2.55 MB	2
	本章协议	1.26 MB	2

算法 5-10　保护隐私的输入线性层协议 $\Pi_{\text{FirstLinear}}$

输入：云服务器的输入为二进制权重 $W \in \{-1, +1\}^{m \times n}$，用户的输入为 $X \in Z_{2^\ell}^{n \times k}$。

输出：云服务器和用户的输出为算术分享 $[Y]^\ell$，其中 $Y = W \cdot X \in Z_{2^\ell}^{m \times k}$。

1. for $i \in [m]$ **do**

2.　　用户和云服务器初始化空的 $n \times k$ 矩阵 T_c 和 T_s；

3.　　**for** $j \in [n]$ **do**

4.　　　　用户构造相关函数 $f_j(\alpha) = 2X[j, \cdot] + \alpha$，对于 $\alpha \in Z_{2^\ell}^k$；如果 $W[i, j] = +1$，云服务器设置 $b_j = 1$，否则为 0；

5.　　　　用户和云服务器运行 $\binom{2}{1}$-$\text{COT}_{k\ell}$，其中用户作为发送方输入 f_j，云服务器作为接收方输入选择比特 b_j。用户将输出设置为 $T_c[j, \cdot]$，而云服务器将输出设置为 $T_s[j, \cdot]$；

6.　　**end**

7.　　用户设置 $[M]_0^\ell = -T_c - X$，云服务器设置 $[M]_1^\ell = T_s$，其中 $M = W[i, \cdot] \boxplus X$；

8.　　对所有 $j \in [k]$，用户和云服务器本地计算 $[Y[t, j]]^\ell = \sum_{t=1}^n [M[t, j]]^\ell$；

9. end

10. 输出 $[Y]^\ell$。

5.4 安全性分析

本节分析上述四个密码协议的正确性和安全性，完整端到端的安全 BNN 预测协议的安全性可以直接利用顺序组合性质获得。

定理 5.1 在 $(F_{\text{AND}}, F_{\text{AND}*})$ 混合模型下，算法 5-6 中的协议 Π_{Sign} 实现了表 5-3 中的理想函数 F_{Sign}。

证明：首先分析正确性。利用 c_ℓ 的正确性，可以推导出 $y = \text{MSB}(x) \oplus 1 = (e_\ell \oplus f_\ell \oplus c_\ell) \oplus 1$。下面证明进位 c_ℓ 的正确性，即算法 5-6 中的 $g[1]$。具体来说，在算法 5-6 中，云服务器和用户执行 $\log \ell$ 次迭代，并在每次迭代中共同评估方程 5-3 或 5-4 以更新向量 g 和 p。为了清晰起见，设 $g_i = g[i]$，$p_i = p[i]$，g^r，p^r 表示第 r 轮等待更新的 g 和 p，其中 $r \in [\log \ell]$。那么可得，第 $\log \ell$ 轮中的 $g[1]$ 等于 $g_1^{\log \ell}$，其中下式成立：

$$
\begin{aligned}
[g_1^{\log \ell}]^B &= [g_2^{\log \ell}]^B \oplus ([g_1^{\log \ell - 1}]^B \wedge [p_2^{\log \ell - 1}]^B) \\
&= ([g_{2*2}^{\log \ell - 1}]^B \oplus [g_{2*2}^{\log \ell - 1}]^B \wedge [p_{2*2}^{\log \ell - 1}]^B) \oplus [([g_{2*1}^{\log \ell - 2}]^B \oplus \\
&\quad [g_{2*1-1}^{\log \ell - 2}]^B \wedge [p_{2+1}^{\log \ell - 2}]^B \wedge ([p_{2+2}^{\log \ell - 2}]^B \wedge [p_{2*2-1}^{\log \ell - 2}]^B)] \quad (5\text{-}7)\\
&= \cdots \\
&= [g_{\ell - 1}]^B \oplus ([g_{\ell - 2}]^B \wedge [p_{\ell - 1}]^B) \oplus \cdots \oplus ([g_1]^B \wedge [p_2]^B \wedge \cdots \\
&\quad \wedge [p_{\ell - 1}]^B).
\end{aligned}
$$

利用 F_{AND} 和 $F_{\text{AND}*}$ 的正确性，上述方程等于方程 5-2，从而证明了正确性。安全性可以直接规约到 $(F_{\text{AND}*}, F_{\text{AND}})$ 的安全性。

定理 5.2 在 F_{AND} 混合模型下，算法 5-7 中的协议 Π_{Maxpool} 实现了算法 5-3 中的理想函数 F_{Maxpool}。

证明：首先分析正确性。根据算法 5-7，$t = \text{Rec}^B([t]_0^B, [t]_1^B) = [x]_0^B$

$\oplus [x]_1^B \oplus 1 = \neg x$。

因此，基于 F_{AND} 的正确性，经过树归约后，下式成立：

$$
\begin{aligned}
y &= \mathrm{Rec}^B([y]_0^B, [y]_1^B) \\
&= [t[0]]_0^B \oplus [t[0]]_1^B \oplus 1 \\
&= (t[1] \wedge t[2] \wedge \cdots \wedge t[n \times n]) \oplus 1 \\
&= \neg (\neg x[1] \wedge \neg x[2] \wedge \cdots \wedge \neg x[n \times n]) \\
&= \max(x).
\end{aligned}
\tag{5-8}
$$

安全性可以直接归约到 F_{AND} 的安全性。

定理 5.3　在（COT，$F_{SExt}^{\ell',\ell}$）混合模型下，算法 5-9 中的协议 $\Pi_{BinaryLinear}$ 实现了算法 5-8 中的理想函数 $F_{BinaryLinear}$。

证明：首先分析正确性。W 和 X 之间的乘法可拆分为 k 个矩阵-向量乘法。下面，本章关注第 i 次矩阵-向量乘法的正确性，记为 $W \cdot X[\cdot, i]$。首先，本章证明 B2A 组件的正确性，即，$M = [W \boxplus X[\cdot, i] \oplus 1]_0^B + [W \boxplus X[\cdot, i] \oplus 1]_1^B - 2[W \boxplus X[\cdot, i] \oplus 1]_0^B \cdot [W \boxplus X[\cdot, i] \oplus 1]_1^B$。具体来说，令 Z_0^B 表示选择比特矩阵，则 Z_0^B 可表示如下：

$$
Z_0^B = \begin{bmatrix} [X[1, i]]_0^B \cdots [X[n, i]]_0^B \\ \vdots \quad \ddots \quad \vdots \\ [X[1, i]]_0^B \cdots [X[n, i]]_0^B \end{bmatrix}
\tag{5-9}
$$

从算法 5-9 的第 7 行和批处理 COT 的正确性，可以得到：

$$
\begin{aligned}
M &= \mathrm{Rec}^A([M]_0^{\ell'}, [M]_1^{\ell'}) \\
&= (-T_s + [Z]_0^B) + ([Z]_1^B + T_c) \\
&= (-T_s + [Z]_0^B) + ([Z]_1^B + T_s - 2B \cdot [Z]_1^B) \\
&= [Z]_1^B + [Z]_0^B - 2[Z]_0^B \cdot [Z]_1^B.
\end{aligned}
\tag{5-10}
$$

观察发现，$[Z]_0^B$ 和 $[Z]_1^B$ 是算法 5-9 第 3 行中 $W \boxplus X[\cdot, i] \oplus 1$ 的布尔分享，这证明了本章 B2A 组件的正确性。接下来，各方将 $[M]^\ell$ 的每一行进行累加，得到最终结果 $[Y[\cdot, i]]^\ell$。根据 $F_{SExt}^{\ell,\ell}$ 的正确性，有下式成立：

$$\text{Rec}^A([Y[\cdot, i]]_0^\ell, [Y[\cdot, i]]_1^\ell) = W \cdot X[\cdot, i]. \quad (5\text{-}11)$$

安全性可以直接归约到 $(\text{COT}, F_{SExt}^{\ell,\ell})$ 的安全性。

定理 5.4 在 COT 混合模型下，算法 5-10 中的协议 $\Pi_{FirstLinear}$ 实现了表 5-8 中的理想函数 $F_{FirstLinear}$。

证明：首先分析正确性。矩阵 $W \in \{-1, +1\}^{m \times n}$ 和 $X \in Z_{2^\ell}^{n \times k}$ 的乘法可以拆分成 m 个向量-矩阵乘法，即 W 的每一行与 X 相乘。接下来本章关注第 i 次向量-矩阵乘法的正确性，记为 $W[i, \cdot] \cdot X$。设 B 为选择比特矩阵。根据批处理 $\binom{2}{1}$-COT_{kl} 的正确性，有 $M = \text{Rec}^A([M]_0^\ell, [M]_1^\ell) = -X + 2X \circ B$。如算法 5-10 所示，$X$ 的第 j 行的所有元素都乘以相同的比特 b_j。因此，M 可以表示为

$$M = -X + 2X \circ \begin{bmatrix} b_1 \cdots b_1 \\ \vdots \ddots \vdots \\ b_n \cdots b_n \end{bmatrix} \quad (5\text{-}12)$$

观察发现，如果 $b_j = 0$，则 $M[j, \cdot] = -X[j, \cdot] + 2 \times [j, \cdot] \cdot [0, \cdots, 0] = -X[j, \cdot]$，否则 $M[j, \cdot] = -X[j, \cdot] + 2X[j, \cdot] \cdot [1, \cdots, 1] = X[j, \cdot]$。因此，$M = \text{Rec}^A([M]_0^\ell, [M]_1^\ell) = W[i] \boxtimes X$。接下来，本章将 $[M]^\ell$ 的每一列进行累加，得到最终结果 $[Y[i, \cdot]]^1$。安全性可以直接归约到 COT 的安全性。

5.5 实验

本节首先介绍实验设置，包括实验环境配置、数据集和模型、对比方案等，随后展示本章提供的线性层与非线性层评估协议的性能，最后给出保护隐私的二元神经网络预测协议的性能。

5.5.1 实验设置

本章方案是在基于 C++ 实现的 EMP 工具包之上构建的，该工具包实现了 OT 扩展协议 Ferret[61]。本章在此基础上进一步扩展 Ferret 协议以支持应用级别的批量相关 OT。为了在密文环境下评估基于 Python 的二元神经网络模型，本章使用 EzPC 框架将模型描述和训练参数从 Pytorch 转换为等效的 C++ 描述，然后由本章设计的密码学协议进行安全评估。与现有的安全预测工作[50,52,63]类似，本章模拟了局域网（LAN）和广域网（WAN）设置。在 LAN 下，网络带宽为 384 MBps，延迟为 0.3 ms。在 WAN 下，网络带宽为 44 MBps，延迟为 40 ms。所有实验均在具有 Intel Xeon8000 系列 CPU（主频为 3.6 GHz）的 AWSc5.9xlarge 实例上执行。

数据集与模型。本章在 MNIST 和 CIFAR10 数据集上评估了所提方案的性能，这两个数据集是先前保护隐私的二元神经网络预测工作[50,63]中常用的基准。本章采用 XONN[50]中的代表性二元神经网络模型，其中的大多数模型也被用于后续工作 XONN+[63]中。对于 MNIST 数据集，本章使用的架构表示为 BM2 和 BM3。对于 CIFAR10 数据集，本章使用的架构表示为 BC2、BC3、BC4 和 BC5。表 5-5 中详细描述了所使用的数据集、模型架构和训练参数。值得强调的是，这些二元神经　网络模型实现了与先前保护隐私的全精度神经网络[53,60]相似的精确度。

表 5-5 本章方案应用的数据集及相应的模型架构与模型精度

数据集	模型	精确度	模型架构
MNIST	BM2	0.97	1CONV，2FC
	BM3	0.98	2CONV，2MP，2FC
CIAFR10	BC2	0.73	9CONV，3MP，1FC
	BC3	0.81	9CONV，3MP，1FC
	BC4	0.85	11CONV，3MP，1FC
	BC5	0.85	17CONV，3MP，1FC

注：CONV：卷积层；MP：最大池化层；FC：全连接层。

2. 对比方案。本章在二元神经网络预测场景中，将所提协议与目前主流的解决方案进行了全面的比较。具体来说，本章主要将所提方案与专门用于隐私保护的二元神经网络预测工作 XONN[50] 和 XONN+[63] 进行了性能比较，并与当前最先进的通用安全预测协议 Cheetah[52] 进行了比较。

5.5.2 线性层与非线性层协议的性能

本节将设计的协议与 XONN、XONN+ 和 Cheetah 中的相应协议在通信和计算性能上进行了比较。本章使用 EMP-toolkit 复现了 XONN 和 XONN+ 的协议，并使用 Cheetah 的开源库重新运行其协议。所有结果均是在相同的 LAN 和 WAN 网络设置下使用单线程评估得出的。

1. 符号激活协议。表 5-6 中展示了在不同比特长度下，本章提出的符号激活协议，以及 XONN 和 XONN+ 中基于混淆电路技术的符号激活协议的性能。需要注意的是，尽管 XONN 和 XONN+ 在评估符号函数时都遵循相同的电路逻辑，但 XONN+ 需要在混淆电路中重构输入，这会产生额外的开销。可以观察到，在不同的比特长度下，本章协议相较于 XONN 实现了 24.41 ~ 42.72 × 的通信性能提升。此外，本章协议在局域网和广域网上都获得了运行时间加速。例如，在比特长度为 8 的 WAN 环境下，本章协议比 XONN 快 10.16×。与 XONN + 相比，本章协议显示出更好的性能优势。这一优势源于符号激活操作采用了新的高效协议设计和构造逻辑。

表 5-6　本章提供的符号激活协议与 XONN、XONN + 和 Cheetah 中相应协议

在不同比特长度下的性能对比 [实例数量：105]

协议	通信（MB）		LAN（毫秒）		WAN（毫秒）	
	通信	提升倍数	时间	提升倍数	时间	提升倍数
比特长度：8						
XONN +	50.11	84.93×	364.12	3.08×	3126.01	16.77×
XONN	24.41	41.37×	232.06	1.96×	1894.23	10.16×
Cheetah	0.90	1.53×	170.15	1.44×	249.98	1.09×
本章协议	0.59	1×	117.97	1×	228.74	1×
比特长度：10						
XONN +	62.70	68.15×	441.64	2.53×	3549.16	12.61×
XONN	30.51	33.16×	282.89	1.62×	2190.06	7.78×
Cheetah	1.38	1.50×	260.95	1.50×	379.97	1.04×
本章协议	0.92	1×	174.29	1×	364.18	1×
比特长度：14						
XONN +	108.53	80.39×	698.63	2.53×	5843.05	15.37×
XONN	42.72	31.64×	432.47	1.57×	3498.66	9.20×
Cheetah	1.90	1.41×	357.78	1.32×	477.28	1.04×
本章协议	1.35	1×	270.99	1×	458.28	1×

除了应用于二元神经网络之外，本章的符号协议还可以作为其他操作的通用构建模块（如 ReLU[52]）。为了验证其效率，本章在表 5-6 中还将该协

议与 Cheetah 中最先进的解决方案进行了比较。可以观察到，本章协议的通信性能始终优于 Cheetah，这与理论分析一致。在运行时间方面也可观察到同样的现象。主要原因是，尽管 Cheetah 中相应协议的通信轮次与本章的符号协议相同，但由于使用了耗时的多选一不经意传输原语，Cheetah 中的参与方需要更多的通信。请注意，保护隐私的二元神经网络预测中的比特长度较小，更具体来说，在本章评估中比特长度均小于 14。本章根据线性层的大小设置算术分享的最小比特长度，使得模型精确度与明文预测相同。具体来说，本章为每个线性层重新设置比特长度，其中与比特长度相关的主要操作是对大小为 n 的布尔向量进行比特计数，n 取决于线性层的大小。为了正确表示一个有符号数且不溢出，本章将比特长度设置为 $\ell = \lceil \log(n + 1) \rceil + 1$。在本章使用的二元神经网络中，$n < 2^{12}$，因此 $\ell < 14$。

2. 二元最大池化协议。在表 5-7 中，本章将提供的二元最大池化协议与 XONN 和 XONN + 中基于混淆电路技术的解决方案在不同池化窗口大小下进行了比较。需要注意的是，XONN 和 XONN + 在最大池化评估中都使用了相同的混淆电路逻辑，而且都不需要重构秘密分享的输入。从表中可以观察到，本章提供的协议将通信开销降低了约 65 倍，这与理论分析是一致的。这种通信优势也显著提升了本章协议的计算性能，特别是在 WAN 环境下，相比于基于混淆电路的方案，运行时间降低了约 5 倍。性能提升既来自于 silent OT 扩展的使用，也来自于本章协议中使用归约算法进行的优化实现。

表 5-7 本章提供的二元最大池化协议与 XONN 和 XONN + 中相应协议在不同
池化窗口大小下的性能对比[实例数量：105]

协议	通信(MB)		LAN(毫秒)		WAN(毫秒)	
	通信	提升倍数	时间	提升倍数	时间	提升倍数
池化窗口大小：2 × 2						
XONN(+)	9. 15	65. 36 ×	29. 27	1. 18 ×	503. 89	4. 79 ×
本章协议	0. 14	1 ×	24. 75	1 ×	105. 13	1 ×

池化窗口大小：3×3

XONN（+）	24.41	64.24×	71.86	1.14×	1146.34	5.11×
本章协议	0.38	1×	63.01	1×	224.44	1×

3. 二元线性层协议。 表5-8展示了本章提出的二元线性层协议与XONN +中基于OT技术的二元线性层协议的性能。此外，XONN使用混淆电路技术进行二元线性层评估，本章省略了与XONN方案的对比，因为混淆电路中未给出优化的全加器电路。尽管如此，本章协议明显优于XONN中的相应方案，原因是，XONN +在通信和计算性能上优于XONN，但仍然不如本章方案。如该表所列，本章协议在通信性能上至少比XONN +优越2倍，同时在WAN下实现了2.86~3.33倍的运行时间加速。

表5-8　本章提供的二元线性层评估协议与XONN +中相应协议在不同维度下的性能对比

协议	通信（MB）		LAN（毫秒）		WAN（毫秒）	
	通信	提升倍数	时间	提升倍数	时间	提升倍数
（H，W，C）=（8，8，32），窗口大小：3×3，步长：1，卷积核数量：48						
XONN +	2376.00	2.20×	34.84	1.24×	379.64	3.33×
本章协议	1081.70	1×	28.05	1×	114.13	1×
（H，W，C）=（16，16，16），窗口大小：3×3，步长：1，卷积核数量：32						
XONN +	2664.00	2.05×	42.48	1.24×	386.23	3.14×
本章协议	1296.57	1×	34.26	1×	123.05	1×
（H，W，C）=（32，32，16），窗口大小：3×3，步长：1，卷积核数量：16						
XONN +	5220.00	2.01×	82.55	1.18×	538.16	2.86×
本章协议	2592.29	1×	70.18	1×	187.84	1×

在通信受限的环境下，例如WAN，布尔乘法协议引入的通信开销是安全预测的主要瓶颈。表5-9证明了本章提供的分而治之策略在WAN环境下的优势，其中，利用该策略的优化协议的通信开销比未应用该策略的原始

协议低约 2 倍，并且实现了更好的计算性能。唯一的例外是 LAN，在这种网络环境下，使用该策略平均增加了 25% 的运行时间。主要原因是，在低延迟环境中，通信不再是影响运行时间的主要因素。因此，在保护隐私的二元神经网络预测中，本章方案根据网络环境自适应地配置此策略。

4. 输入线性层协议。表 5-10 展示了本章提供的输入线性层协议与 XONN 和 XONN + 中基于 OT 技术的相应评估协议的比较。XONN + 在离线-在线范式中实现了输入性层协议。为了进行公平的比较，本章关注整体协议的开销。可以观察到，本章协议相较于这两个方案至少实现了 2.18 倍的通信提升。由于通信主导了基于 OT 技术的解决方案的主要开销，因此这种通信优势也显著提高了本章协议的计算性能。在 WAN 环境下，本章协议带来了 2~4 倍的计算性能提升。此外，虽然在 LAN 下观察到本章协议评估变慢，但所提协议的计算性能仍然比先前工作提高了 1.35~3.23 倍。

表 5-9　本章提供的分治策略对二元线性层评估性能的影响

协议	通信(MB)	LAN(毫秒)	WAN(毫秒)
(H，W，C) = (2，2，512)，窗口大小：3×3，步长：1，卷积核数量：512			
本章协议	16.31	463.28	837.17
本章协议*	8.60	542.33	775.81
(H，W，C) = (4，4，256)，窗口大小：3×3，步长：1，卷积核数量：512			
本章协议	29.91	672.28	1418.06
本章协议*	15.51	927.60	1310.81
(H，W，C) = (4，4，512)，窗口大小：3×3，步长：1，卷积核数量：512			
本章协议	63.28	1349.86	2917.70
本章协议*	28.97	1653.26	2218.63

注："本章协议*"表示利用分治策略的优化协议，"本章协议"表示未利用该分治策略的原始协议。

表 5-10 本章提供的输入线性层协议与 XONN 和 XONN + 中相应协议在不同维度下的性能对比

协议	通信（MB）		LAN（毫秒）		WAN（毫秒）	
	通信	提升倍数	时间	提升倍数	时间	提升倍数
(H, W, C) = (28, 28, 1)，窗口大小：5×5，步长：2，卷积核数量：5						
XONN(+)	123.28	4.31 ×	2.07	3.23 ×	82.42	2.02 ×
本章协议	28.60	1 ×	0.64	1 ×	40.78	1 ×
(H, W, C) = (32, 32, 3)，窗口大小：3×3，步长：1，卷积核数量：64						
XONN(+)	6128.00	2.18 ×	69.31	1.35 ×	554.32	3.62 ×
本章协议	2808.22	1 ×	51.52	1 ×	153.21	1 ×
(H, W, C) = (32, 32, 3)，窗口大小：5×5，步长：1，卷积核数量：36						
XONN(+)	8833.38	2.28 ×	86.18	1.38 ×	794.97	4.01 ×
本章协议	3876.32	1 ×	62.58	1 ×	198.05	1 ×

5.5.3 保护隐私的二元神经网络预测方案的性能

1. 与先前保护隐私的二元神经网络预测方案的比较。本章比较了本书安全预测方案与目前两种最先进的安全二元神经网络预测方案，XONN 和 XONN + ，在 MINIST 和 CIFAR10 数据集上的整体性能。为了进行公平比较，本章使用了与 XONN + 相同的网络设置，即带宽为 1.25 GBps、延迟为 0.25 ms 的 LAN 环境，以及带宽为 20 MBps、延迟为 50 ms 的 WAN 环境。表5-11 中的结果显示，与 XONN 相比，本章方案在 MNIST 和 CIFAR10 上的通信量分别减少了约 20 倍和 27 倍。在运行时间上，本章方案比 XONN 快约 10 倍。与 XONN + 相比，在 CIFAR10 上，本章方案平均实现了 5 倍的通信性能提升，并且在运行时间上也降低了 3 ~ 4 倍。本章省略了 MNIST 数据集上与 XONN + 的性能比较，因为 XONN + 没有在这个数据集上进行实验。请注意，XONN + 展示的结果未包括离线开销（即评估所有随机不经意传输的开销），因此本章方案实际上应具有更大的性能优势。

表 5-11　本章方案在 MNIST 和 CIFAR10 数据集上与 XONN 和 XONN + 的整体性能对比

协议	通信/MB		LAN/US		WAN/US	
	通信	提升倍数	时间	提升倍数	时间	提升倍数
MNIST，BM2						
XONN	2.90	22.31 ×	0.12	12.00 ×	-	-
本章方案	0.13	1 ×	0.01	1 ×	0.61	1 ×
MNIST，BM3						
XONN	17.59	17.59 ×	0.17	8.50 ×	-	-
本章方案	1.00	1 ×	0.02	1 ×	1.13	1 ×
CIFAR10，BC2						
XONN	936.83	29.62 ×	2.75	10.19 ×	-	-
XONN +	204.78	6.47 ×	1.34	4.96 ×	17.14	4.09 ×
本章方案	31.63	1 ×	0.27	1 ×	4.19	1 ×
CIFAR10，BC3						
XONN	2972.43	25.05 ×	9.19	11.49 ×	-	-
XONN +	395.67	3.33 ×	2.56	3.20 ×	32.51	3.84 ×
本章方案	118.68	1 ×	0.80	1 ×	8.57	1 ×

2. 基于分治策略优化的二元线性层协议对安全 BNN 预测的性能影响。 此处进一步探讨本章在第 5.3.2.1 节中提出的针对二元线性层评估的优化策略。该小节中提出可以通过在通信受限的网络环境下（如 WAN 环境）设计分治策略来优化基础的二元线性层评估协议。图 5-3 直观展示了随着模型规

模的增长，优化协议在 WAN 下相较于非优化方法的性能优势。可以观察到，在 WAN 环境下，优化后的协议总是优于未优化的方法。此外，随着模型规模的增加，优化后的协议在运行时间上的优势也更明显。该趋势的主要原因在于，较大规模的模型带来了更多的通信开销，并在通信受限的网络环境中导致更高的延迟。总体而言，优化后的协议在这些模型上实现了大约 $2\times$ 的通信和 $1.5\times$ 的计算性能提升。

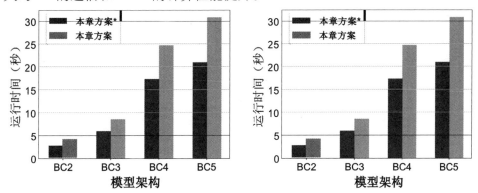

图 5-3　本章提供的二元线性层评估协议与基于分治策略的优化协议在 WAN
环境下的计算（秒）与通信（MB）性能
（数据集：CIFAR10；模型架构：BC2/BC3/BC4/BC5）

5.6　本章小结

本章构造了一种高效且保护隐私的二元神经网络预测方案。该方案的主要贡献在于为二元神经网络中线性层和非线性层的安全高效评估提供了新的思路和协议设计。具体来说，本章创新性地提出了一种基于新型加法器评估逻辑的安全符号协议，并针对非线性层量身定做了评估算法。此外，本章还设计了一种高效的二元线性层协议，通过利用新颖的分治策略，将矩阵乘法评估递归地分解为多个子问题，从而实现了高效处理。实验结果表明，本章方案的性能明显优于现有的二元神经网络安全预测工作。

第六章

总结与展望

本章首先对本书所研究的工作进行全面总结，同时指出目前机器学习安全中仍未解决的问题，并对该领域的未来发展进行展望。

6.1 全书总结

本书聚焦联邦学习和模型预测过程中的数据机密性威胁，分别对横向联邦学习中的机密性保护、纵向联邦学习中的数据机密性保护和预测阶段的数据机密性保护三个方面进行了研究。下面，分别总结各个方面的研究内容。

（1）横向联邦学习中的数据机密性保护技术研究。本书研究了密文环境下支持模型异构的横向联邦学习方案。该方案的核心是一个新颖且高效的安全查询协议。基于该协议，本书提出的横向联邦学习方案既支持模型异构性，又无须用户间建立直接的通信信道，同时实现了训练数据和异构模型的机密性保护。

（2）纵向联邦学习中的数据机密性保护技术研究。本书研究了密文环境下的纵向联邦学习方案，并实例化决策树训练任务。方案为比较、数字分解、除法等复杂函数设计了高效的安全评估协议。协议工作在离线-在线范

式中，核心思想是在输入无关的离线阶段生成必要的相关随机数，以尽可能地降低在线评估的开销。所提方案实现了训练数据与树模型的机密性保护。

（3）预测阶段的数据机密性保护技术研究。本书研究了密文环境下针对二元神经网络的模型预测方案。利用二元神经网络的固有性质，本书为预测过程中的线性函数和非线性函数分别设计了高效的定制化评估协议。基于这些协议，所提方案实现了预测数据和二元神经网络模型的机密性保护。

6.2 未来展望

尽管本书针对联邦学习和模型预测任务提供了三个数据机密性保护方案。然而，在数据安全与隐私保护领域还存在悬而未决的问题，值得进一步深入探索。具体包括以下几个方面。

（1）在训练阶段，设计能抵御恶意敌手的联邦学习方案，同时保证该方案具有良好的计算与通信性能。

本书提出了针对横向联邦学习和纵向联邦学习的安全训练方案，确保在半诚实敌手存在的环境下数据机密性得到有效保护。两个方案的安全性均有待进一步增强，以抵御可能偏离协议规范的更强大的恶意敌手。需要明确的是，即使使用目前最先进的安全多方计算技术，构造一种能抵御恶意敌手的联邦学习训练方案，其通信和计算开销也将大幅度提升。因此，如何高效实现具备抵御恶意敌手能力的联邦学习训练方案，是一个值得研究的未来工作。

（2）在预测阶段，设计针对大语言模型的安全预测方案，同时满足实时预测服务的需求。

目前，随着大语言模型的兴起，其安全与隐私问题层出不穷。设计基于大语言模型的安全预测方案，保护用户查询隐私的同时，确保实时预测服务的高效运行，是亟须解决的难题。尽管目前有一些研究利用同态加密或安全多方计算技术实现了基于大语言模型的安全预测方案，但计算与通信性能仍然是主要瓶颈。此外，为了高效性，现有研究大多利用多项式近似方法逼近非线性函数，如 GELU 等，这将不可避免地带来精确度的下降，也无法应用于现实世界的预测服务中。因此，如何高效实现基于大语言模型的安全预测方案，是未来值得研究的工作。

参考文献

[1] WU Y, CAI S, XIAO X, et al. Privacy-preserving vertical federated learning for tree-based models[J]. Proceedings of the VLDB Endowment, 2020, 13(11): 2090-2103.

[2] ADAMS S, CHOUDHARY C, DE COCK M, et al. Privacy-preserving training of tree ensembles over continuous data[C]. Proceedings on Privacy Enhancing Technologies, 2022, 2022(2): 205-226.

[3] CHOQUETTE-CHOO C A, DULLERUD N, DZIEDZIC A, et al. Cape: Confidential and private collaborative learning [C]. International Conference on Learning Representations, 2021. arXiv: 2104. 08994.

[4] CHEN J, RAN X. Deep learning with edge computing: A review[J]. Proceedings of the IEEE, 2019, 107(8): 1655-1674.

[5] BAKATOR M, RADOSAV D. Deep learning and medical diagnosis: A review of literature[J]. Multimodal Technologies and Interaction, 2018, 2(3): 47.

[6] HE K, ZHANG X, REN S, et al. Deep residual learning for image recognition[C]. IEEE/CVF Conference on Computer Vision and Pattern Recognition, 2016: 770-778.

[7] LECUN Y, BENGIO Y, HINTON G. Deep learning[J]. Nature, 2015, 521(7553): 436-444.

[8] GUPTA O, RASKAR R. Distributed learning of deep neural network over multiple agents[J]. Journal of Network and Computer Applications, 2018, 116: 1-8.

[9] LI D, WANG J. FedMD: Heterogenous federated learning via model distillation[C].

Advances in Neural Information Processing Systems Workshop on Federated Learning for Data Privacy and Confidentiality, 2019.

[10] GIANNELLA C, LIU K, OLSEN T, et al. Communication efficient construction of decision trees over heterogeneously distributed data [C]. IEEE International Conference on Data Mining, 2004: 67-74.

[11] SHARMA S, RAJAWAT A S. A secure privacy preservation model for vertically partitioned distributed data[C]. International Conference on ICT in Business Industry & Government, 2016.

[12] ZHU L, LIU Z, HAN S. Deep leakage from gradients[C]. Advances in Neural Information Processing Systems, 2019: 14747-14756.

[13] ZHAO B, MOPURI K R, BILEN H. iDLG: Improved deep leakage from gradients [J]. arXiv preprint arXiv: 2001. 02610, 2020.

[14] GEIPING J, BAUERMEISTER H, DRÖGE H, et al. Inverting gradients—how easy is it to break privacy in federated learning? [C]. Advances in Neural Information Processing Systems, 2020, 33: 16937-16947.

[15] ZHU Z, HONG J, ZHOU J. Data-free knowledge distillation for heterogeneous federated learning[C]. International Conference on Machine Learning, 2021: 12878-12889.

[16] DINH C T, TRAN N H, NGUYEN T D. Personalized federated learning with Moreau envelopes [C]. Advances in Neural Information Processing Systems, 2020: 21394-21405.

[17] YUROCHKIN M, AGARWAL M, GHOSH S, et al. Bayesian nonparametric federated learning of neural networks [C]. International Conference on Machine Learning, 2019: 7252-7261.

[18] FALLAH A, MOKHTARI A, OZDAGLAR A. Personalized federated learning with theoretical guarantees: A model-agnostic meta-learning approach[C]. Advances in Neural Information Processing Systems, 2020: 3557-3568.

[19] YOON T, SHIN S, HWANG S J, et al. FedMix: Approximation of mixup under mean augmented federated learning [C]. International Conference on Learning Representations, 2021.

[20] LIN T, KONG L, STICH S U, et al. Ensemble distillation for robust model fusion in federated learning[C]. Advances in Neural Information Processing Systems, 2020: 2351-2363.

[21] DIAO E, DING J, TAROKH V. HeteroI: Computation and communication efficient federated learning for heterogeneous clients[C]. International Conference on Learning Representations, 2021.

[22] BONAWITZ K, IVANOV V, KREUTER B, et al. Practical secure aggregation for privacy-preserving machine learning[C]. ACM SIGSAC Conference on Computer and Communications Security, 2017: 1175-1191.

[23] BELL J H, BONAWITZ K A, GASCON A, et al. Secure single-server aggregation with (poly) logarithmic overhead[C]. ACM SIGSAC Conference on Computer and Communications Security, 2020: 1253-1269.

[24] SAV S, PYRGELLIS A, TRONCOSO-PASTORIZA J R, et al. Poseidon: Privacy-preserving federated neural network learning[C]. Annual Network and Distributed System Security Symposium, 2021.

[25] JAYARAMAN B, WANG L. Distributed learning without distress: Privacy-preserving empirical risk minimization[C]. Advances in Neural Information Processing Systems, 2018: 6343-6354.

[26]王腾, 霍峥, 黄亚鑫, 等. 联邦学习中的隐私保护技术研究综述[J]. 计算机

应用, 2023, 43(2): 437-447.

[27]SUN L, LYU L. Federated model distillation with noise-free differential privacy[C].

International Joint Conference on Artificial Intelligence, 2021: 1560-1566.

[28]JAYARAMAN B, EVANS D. Evaluating differentially private machine learning in

practice[C]. USENIX Security Symposium, 2019: 1895-1912.

[29] CHENG K, FAN T, JIN Y, et al. SecureBoost: A lossless federated learning

framework[J]. IEEE Intelligent Systems, 2021, 36(6): 87-98.

[30]WANG K, XU Y, SHE R, et al. Classification spanning private databases[C].

AAAI Conference on Artificial Intelligence, 2006: 293-298.

[31]LIU Y, LIU Y, LIU Z, et al. Federated forest[J]. IEEE Transactions on Big Data,

2020, 8(3): 843-854.

[32] VAIDYA J, SHAFIQ B, FAN W, et al. A random decision tree framework for

privacy-preserving data mining[J]. IEEE Transactions on Dependable and Secure

Computing, 2013, 11(5): 399-411.

[33]VAIDYA J, CLIFTON C, KANTARCIOGLU M, et al. Privacy-preserving decision

trees over vertically partitioned data[J]. ACM Transactions on Knowledge Discovery

from Data, 2008, 2(3): 1-27.

[34]VAIDYA J, CLIFTON C. Privacy-preserving decision trees over vertically partitioned

data[C]. IFIP Annual Conference on Data and Applications Security and Privacy,

2005: 139-152.

[35] DU W, ZHAN Z. Building decision tree classifier on private data [C]. IEEE

International Conference on Privacy, Security and Data Mining, 2002: 1-8.

[36]AGRAWAL R, EVFIMIEVSKI A, SRIKANT R. Information sharing across private

databases[C]. ACM SIGMOD International Conference on Management of Data, 2003: 86-97.

[37] YAO A C C. How to generate and exchange secrets[C]. IEEE Symposium on Foundations of Computer Science, 1986: 162-167.

[38] QUINLAN J R. Induction of decision trees[J]. Machine Learning, 1986, 1(1): 81-106.

[39] CRAMER R, DAMGARD I, NIELSEN J B. Multiparty computation from threshold homomorphic encryption[C]. Annual International Conference on the Theory and Applications of Cryptographic Techniques, 2001: 280-300.

[40] PAILLIER P. Public-key cryptosystems based on composite degree residuosity classes [C]. Annual International Conference on the Theory and Applications of Cryptographic Techniques, 1999: 223-238.

[41] FRIEDMAN J, HASTIE T, TIBSHIRANI R. Additive logistic regression: A statistical view of boosting[J]. The Annals of Statistics, 2000, 28(2): 337-407.

[42] 高莹, 谢雨欣, 邓煌昊, 等. 面向纵向联邦学习的隐私保护数据对齐框架[J]. 电子与信息学报, 2024, 46: 1-9.

[43] ABSPOEL M, ESCUDERO D, VOLGUSHEV N. Secure training of decision trees with continuous attributes[J]. Proceedings on Privacy Enhancing Technologies, 2021, 2021(1): 167-187.

[44] DAMGARD I, PASTRO V, SMART N, et al. Multiparty computation from somewhat homomorphic encryption[C]. In Annual International Cryptology Conference (CRYPTO), 2012: 643-662.

[45] GILAD-BACHRACH R, DOWLIN N, LAINE K, et al. CryptoNets: Applying neural networks to encrypted data with high throughput and accuracy[C]. In International

Conference on Machine Learning (ICML), 2016: 201-210.

[46] MOHASSEL P, ZHANG Y. SecureML: A system for scalable privacy-preserving machine learning[C]. In IEEE Symposium on Security and Privacy (SP), 2017: 619-631.

[47] LIU J, JUUTI M, LU Y, et al. Oblivious neural network predictions viaMiniONN transformations[C]. In ACM SIGSAC Conference on Computer and Communications Security (CCS), 2017: 619-631.

[48] RIAZI M S, WEINERT C, TKACHENKO O, et al. Chameleon: A hybrid secure computation framework for machine learning applications [C]. In ACM Asia Conference on Computer and Communications Security (AsiaCCS), 2018: 707-721.

[49] JUVEKAR C, VAIKUNTANATHAN V, CHANDRAKASAN A. Gazelle: A low latency framework for secure neural network inference[C]. In USENIX Security Symposium, 2018: 1651-1669.

[50] RIAZI M S, SAMRAGH M, CHEN H, et al. XONN: XNOR-based oblivious deep neural network inference[C]. In USENIX Security Symposium, 2019: 1501-1518.

[51] HUSSAIN S U, JAVAHERIPI M, SAMRAGH M, et al. COINN: Crypto/ML co-design for oblivious inference via neural networks[C]. In ACM SIGSAC Conference on Computer and Communications Security (CCS), 2021: 3266-3281.

[52] HUANG Z, LU W J, HONG C, et al. Cheetah: Lean and fast secure two-party deep neural network inference[C]. In USENIX Security Symposium, 2022: 809-826.

[53] MISHRA P, LEHMKUHL R, SRINIVASAN A, et al. Delphi: A cryptographic inference service for neural networks[C]. In USENIX Security Symposium, 2020: 2505-2522.

[54] BOEMER F, COSTACHE A, CAMMAROTA R, et al. ngraph-he2: A high-

throughput framework for neural network inference on encrypted data[C]. In ACM Workshop on Encrypted Computing & Applied Homomorphic Cryptography, 2019: 45-56.

[55] BRUZKUS A, GILAD-BACHRACH R, ELISHA O. Low latency privacy preserving inference[C]. In International Conference on Machine Learning (ICML), 2019: 812-821.

[56] DATHATHRI R, KOSTOVA B, SAARIKIVI O, et al. EVA: An encrypted vector arithmetic language and compiler for efficient homomorphic computation[C]. In ACM SIGPLAN Conference on Programming Language Design and Implementation (PLDI), 2020: 546-561.

[57] BOEMER F, LAO Y, CAMMAROTA R, et al. ngraph-he: A graph compiler for deep learning on homomorphically encrypted data [C]. In ACM International Conference on Computing Frontiers (CF), 2019: 3-13.

[58] DATHATHRI R, SAARIKIVI O, CHEN H, et al. CHET: An optimizing compiler forfully-homomorphic neural-network inferencing[C]. In ACM SIGPLAN Conference on Programming Language Design and Implementation (PLDI), 2019: 142-156.

[59] CHEN H, DAI W, KIM M, et al. Efficient multi-key homomorphic encryption with packed ciphertexts with application to oblivious neural network inference [C]. In ACM SIGSAC Conference on Computer and Communications Security (CCS), 2019: 395-412.

[60] RATHEE D, RATHEE M, KUMAR N, et al. CryptFlow2: Practical 2-party secure inference [C]. In ACM SIGSAC Conference on Computer and Communications Security (CCS), 2020: 325-342.

[61] YANG K, WENG C, LAN X, et al. Ferret: Fast extension for correlated OT with

small communication [C]. In ACM SIGSAC Conference on Computer and Communications Security (CCS), 2020: 1607-1626.

[62] AGRAWAL N, SHAHIN SHAMSABADI A, KUSNER M J, et al. Quotient: Two-party secure neural network training and prediction[C]. In ACM SIGSAC Conference on Computer and Communications Security (CCS), 2019: 1231-1247.

[63] SAMRAGH M, HUSSAIN S, ZHANG X, et al. On the application of binary neural networks in oblivious inference[C]. In IEEE/CVF Conference on Computer Vision and Pattern RecognitionWorkshop (CVPRW), 2021: 4630-4639.

[64] KELLER M, SUN K. Secure quantized training for deep learning [C]. In International Conference on Machine Learning (ICML), 2022: 10912-10938.

[65] JHA N K, GHODSI Z, GARG S, et al. DeepReduce: ReLU reduction for fast private inference[C]. In International Conference on Machine Learning (ICML), 2021: 4839-4849.

[66] HINTON G, VINYALS O, DEAN J. Distilling the knowledge in a neural network [J]. arXiv preprint arXiv: 1503. 02531, 2015.

[67] LOH W Y. Classification and regression trees[J]. Wiley Interdisciplinary Reviews: Data Mining and Knowledge Discovery, 2011, 1(1): 14-23.

[68] KUMAR N, RATHEE M, CHANDRAN N, et al. CryptFlow: Secure TensorFlow inference[C]. In IEEE Symposium on Security and Privacy (SP), 2020: 336-353.

[69] SHAMIR A. How to share a secret[J]. Communications of the ACM, 1979, 22 (11): 612-613.

[70] DEMMLER D, SCHNEIDER T, ZOHNER M. ABY- A framework for efficient mixed-protocol secure two-party computation [C]. In Annual Network and Distributed System Security Symposium (NDSS), 2015: 1-15.

[71]RABIN M O. How to exchange secrets with oblivious transfer[J]. CryptologyePrint Archive, 2005.

[72]ASHAROV G, LINDELL Y, SCHNEIDER T, et al. More efficient oblivious transfer and extensions for faster secure computation[C]. In ACM SIGSAC Conference on Computer and Communications Security (CCS), 2013: 535-548.

[73]BOYLE E, COUTEAU G, GILBOA N, et al. Efficient two-round OT extension and silent non-interactive secure computation [C]. In ACM SIGSAC Conference on Computer and Communications Security (CCS), 2019: 291-308.

[74] BOYLE E, GILBOA N, ISHAI Y. Function secret sharing [C]. In Annual International Conference on the Theory and Applications of Cryptographic Techniques (EUROCRYPT), 2015: 337-367.

[75]BOYLE E, CHANDRAN N, GILBOA N, et al. Function secret sharing for mixed-mode and fixed-point secure computation[C]. In Annual International Conference on the Theory and Applications of Cryptographic Techniques (EUROCRYPT), 2021: 871-900.

[76] BOYLE E, GILBOA N, ISHAI Y. Secure computation with preprocessing via function secret sharing[C]. In International Conference on Theory of Cryptography (TCC), 2019.

[77]DESOUKY G, KOUSHANFAR F, SADEGHI A R, et al. Pushing the communication barrier in secure computation using lookup tables [C]. In Annual Network and Distributed System Security Symposium (NDSS), 2012.

[78]DIFFIE W, HELLMAN M E. New directions in cryptography[J]. IEEE Transactions on Information Theory, 1976, 22(6): 644-654.

[79]ABDALLA M, BELLARE M, ROGAWAY P. The oracle Diffie-Hellman assumptions

and an analysis of DHIES[C]. In The Cryptographers' Track at RSA Conference (CT-RSA), 2001: 143-158.

[80]MCMAHAN B, MOORE E, RAMAGE D, et al. Communication-efficient learning of deep networks from decentralized data[C]. In Artificial Intelligence and Statistics (AISTATS), 2017: 1273-1282.

[81]GAO D, YAO X, YANG Q. A survey on heterogeneous federated learning[J]. arXiv preprint arXiv: 2210. 04505, 2022.

[82]TEKGUL B G, XIA Y, MARCHAL S, et al. Waffle: Watermarking in federated learning[C]. In International Symposium on Reliable Distributed Systems (SRDS), 2021: 310-320.

[83] PAPERNOT N, ABADI M, ERLINGSSON U, et al. Semi-supervised knowledge transfer for deep learning from private training data[C]. In International Conference on Learning Representations (ICLR), 2016.

[84] SALEM A, ZHANG Y, HUMBERT M, et al. MI-Leaks: Model and data independent membership inference attacks and defenses on machine learning models [C]. In Annual Network and Distributed System Security Symposium (NDSS), 2019.

[85]CARLINI N, CHIEN S, NASR M, et al. Membership inference attacks from first principles [C]. In IEEE Symposium on Security and Privacy (SP), 2022: 1897-1914.

[86]KAHLA M, CHEN S, JUST H A, et al. Label-only model inversion attacks via boundary repulsion[C]. In IEEE/CVF Conference on Computer Vision and Pattern Recognition (CVPR), 2022: 15045-15053.

[87]WAGH S, GUPTA D, CHANDRAN N. SecureNN: 3-party secure computation for

neural network training[J]. Proceedings on Privacy Enhancing Technologies, 2019, 2019(3): 26-49.

[88] TAN S, KNOTT B, TIAN Y, et al. CryptGPU: Fast privacy-preserving machine learning on the GPU[C]. In IEEE Symposium on Security and Privacy (SP), 2021: 1021-1038.

[89] GENTRY C. Fully homomorphic encryption using ideal lattices [C]. In ACM Symposium on Theory of Computing (STOC), 2009: 169-178.

[90] ISHAI Y, KILIAN J, NISSIM K, et al. Extending oblivious transfers efficiently[C]. In Annual International Cryptology Conference (CRYPTO), 2003: 145-161.

[91] HARRIS D. A taxonomy of parallel prefix networks[C]. In Asilomar Conference on Signals, Systems & Computers, 2003: 2213-2217.

[92] AONO Y, HAYASHI T, WANG L, et al. Privacy-preserving deep learning via additively homomorphic encryption[J]. IEEE Transactions on Information Forensics and Security, 2017, 13(5): 1333-1345.

[93] GOLDREICH O. Foundations of cryptography [M]. Cambridge: Cambridge University Press, 2009.

[94] MOHASSEL P, RINDAL P. ABY3: A mixed protocol framework for machine learning [C]. In ACM SIGSAC Conference on Computer and Communications Security (CCS), 2018: 35-52.

[95] PATRA A, SCHNEIDER T, SURESH A, et al. ABY2. 0: Improved mixed-protocol secure two-party computation [C]. In USENIX Security Symposium, 2021: 2165-2182.

[96] GANJU K, WANG Q, YANG W, et al. Property inference attacks on fully connected neural networks using permutation invariant representations[C]. In ACM SIGSAC

Conference on Computer and Communications Security (CCS), 2018: 619-633.

[97] YANG Z, ZHANG J, CHANG E C, et al. Neural network inversion in adversarial setting via background knowledge alignment[C]. In ACM SIGSAC Conference on Computer and Communications Security (CCS), 2019: 225-240.

[98] WAGH S, TOPIC S, BENHAMOUDA F, et al. Falcon: Honest-majority maliciously secure framework for private deep learning[J]. Proceedings on Privacy Enhancing Technologies, 2021, 2021(1): 188-208.

[99] KNOTT B, VENKATARAMAN S, HANNUN A, et al. Crypten: Secure multi-party computation meets machine learning [C]. In Advances in Neural Information Processing Systems (NeurIPS), 2021: 4961-4973.

[100] LEE J, LEE E, LEE J W, et al. Precise approximation of convolutional neural networks for homomorphically encrypted data [J]. arXiv preprint arXiv: 2105. 10879, 2021.

[101] ZHANG H, CISSE M, DAUPHIN Y N, et al. mixup: Beyond empirical risk minimization[C]. International Conference on Learning Representations, 2018.

[102] YUN S, HAN D, OH S J, et al. CutMix: Regularization strategy to train strong classifiers with localizable features [C]. IEEE/CVF International Conference on Computer Vision, 2021: 4961-4973.

[103] DEVRIES T, TAYLOR G W. Improved regularization of convolutional neural networks with cutout[J]. arXiv preprint arXiv: 1708. 04552, 2017.

[104] CANETTI R. Universally composable security: A new paradigm for cryptographic protocols [C]. IEEE Symposium on Foundations of Computer Science, 2001: 136-145.

[105] AZAR A T, EL-METWALLY S M. Decision tree classifiers for automated medical

diagnosis[J]. Neural Computing and Applications, 2013, 23(7): 2387-2403.

[106]WU M C, LIN S Y, LIN C H. An effective application of decision tree to stock trading[J]. Expert Systems with Applications, 2006, 31(2): 270-274.

[107]HUANG C, XUE L, LIU D, et al. Blockchain-assisted transparent cross-domain authorization and authentication for smart city[J]. IEEE Internet of Things Journal, 2022, 9(18): 17194-17209.

[108] HUANG C, WANG W, LIU D, et al. Blockchain-assisted personalized car insurance with privacy preservation and fraud resistance[J]. IEEE Transactions on Vehicular Technology, 2022, 72(3): 3777-3792.

[109]CHEN C, ZHOU J, WANG L, et al. When homomorphic encryption marries secret sharing: Secure large-scale sparse logistic regression and applications in risk control [C]. ACM SIGKDD Conference on Knowledge Discovery & Data Mining, 2021: 2652-2662.

[110] WAGH S, TOPLE S, BENHAMOUDA F, et al. Falcon: Honest-majority maliciously secure framework for private deep learning[J]. Proceedings on Privacy Enhancing Technologies, 2021, 2021(1): 188-208.

[111]PINKAS B, SCHNEIDER T, ZOHNER M. Faster private set intersection based on OT extension[C]. USENIX Security Symposium, 2014: 797-812.

[112]CHEN H, LAINE K, RINDAL P. Fast private set intersection from homomorphic encryption [C]. ACM SIGSAC Conference on Computer and Communications Security, 2017: 1243-1255.

[113] CATRINA O, SAXENA A. Secure computation with fixed-point numbers [C]. International Conference on Financial Cryptography and Data Security, 2010: 35-50.

[114] FANG W, ZHAO D, TAN J, et al. Large-scale secure XGB for vertical federated learning [C]. ACM International Conference on Information & Knowledge Management, 2021: 443-452.

[115] CACHIN C, MICALI S, STADLER M. Computationally private information retrieval with polylogarithmic communication [C]. Annual International Conference on the Theory and Applications of Cryptographic Techniques, 1999: 402-414.

[116] RYFFEL T, THOLONIAT P, POINTCHEVAL D, et al. Ariann: Low-interaction privacy-preserving deep learning via function secret sharing [J]. Proceedings on Privacy Enhancing Technologies, 2022, 2022(2): 291-316.

[117] GOLDREICH O, GOLDWASSER S, MICALI S. How to construct random functions [J]. Journal of the ACM, 1986, 33(4): 792-807.

[118] DOERNER J, SHELAT A. Scaling ORAM for secure computation [C]. ACM SIGSAC Conference on Computer and Communications Security, 2017: 523-535.

[119] DODIS Y, HALEVIS, ROTHBLUM R D, et al. Spooky encryption and its applications [C]. Annual International Cryptology Conference, 2016: 93-122.

[120] MUKHERJEE P, WICHS D. Two round multiparty computation via multi-key FHE [C]. Annual International Conference on the Theory and Applications of Cryptographic Techniques, 2016: 735-763.

[121] CLEAR M, MCGOLDRICK C. Multi-identity and multi-key leveled FHE from learning with errors [C]. Annual International Cryptology Conference, 2015: 630-656.

[122] ERCEGOVAC M D, LANG T. Digital arithmetic [M]. Amsterdam: Elsevier, 2004.

[123] KRIZHEVSKY A, SUTSKEVER I, HINTON G E. ImageNet classification with deep

convolutional neural networks[J]. Communications of the ACM, 2017, 60(6): 84-90.

[124] COURBARIAUX M, HUBARA I, SOUDY D, et al. Binarized neural networks: Training deep neural networks with weights and activations constrained to +1 or -1 [J]. arXiv preprint arXiv: 1602. 02830, 2016.

[125] LIN X, ZHAO C, PAN W. Towards accurate binary convolutional neural network [C]. Advances in Neural Information Processing Systems, 2017: 344-353.

[126] QIN H, GONG R, LIU X, et al. Binary neural networks: A survey[J]. Pattern Recognition, 2020, 105: 107281.

[127] YUAN C, AGAIAN S S. A comprehensive review of binary neural network[J]. arXiv preprint arXiv: 2110. 06804, 2021.

[128] LE H, HÖIER R K, LIN C T, et al. Adaste: An adaptive straight-through estimator to train binary neural networks[C]. IEEE/CVF Conference on Computer Vision and Pattern Recognition, 2022: 460-469.

[129] KIM D, CHOI J. Unsupervised representation learning for binary networks by joint classifier learning [C]. IEEE/CVF Conference on Computer Vision and Pattern Recognition, 2022: 9747-9756.

[130] DIFFENDERFER J, KAILKHURA B. Multiprize lottery ticket hypothesis: Finding accurate binary neural networks by pruning a randomly weighted network [C]. International Conference on Learning Representations, 2020.

[131] BULAT A, MARTINEZ B, TZIMIROPOULOS G. High-capacity expert binary networks[C]. International Conference on Learning Representations, 2020.

[132] XU Z, LIN M, LIU J, et al. Recu: Reviving the dead weights in binary neural networks [C]. IEEE/CVF International Conference on Computer Vision, 2021:

5198-5208.

[133] XU S, LIU C, ZHANG B, et al. Bire-ID: Binary neural network for efficient person re-ID[J]. ACM Transactions on Multimedia Computing, Communications, and Applications, 2022, 18(1s): 1-22.

[134] FERRARINI B, MILFORD M J, MCDONALD-MAIER K D, et al. Binary neural networks for memory-efficient and effective visual place recognition in changing environments[J]. IEEE Transactions on Robotics, 2022, 38(4): 2617-2631.

[135] WANG A, XU W, SUN H, et al. Arrhythmia classifier using binarized convolutional neural network for resource-constrained devices[J]. arXiv preprint arXiv: 2205. 03661, 2022.

[136] LING Y, HE T, ZHANG Y, et al. Lite-stereo: A resource-efficient hardware accelerator for real-time high-quality stereo estimation using binary neural network [J]. IEEE Transactions on Computer-Aided Design of Integrated Circuits and Systems, 2022, 41(12): 5357-5366.

[137] CHANDRAN N, GUPTA D, RASTOGI A, et al. Ezpc: Programmable and efficient secure two-party computation for machine learning[C]. IEEE European Symposium on Security and Privacy, 2019: 496-511.

[138] YAO A C. Theory and application of trapdoor functions[C]. IEEE Symposium on Foundations of Computer Science, 1982: 80-91.

[139] RATHEE D, RATHEE M, GOLI R K K, et al. SIRM: A math library for secure RNN inference[C]. IEEE Symposium on Security and Privacy, 2021: 1003-1020.

[140] CANETTI R. Security and composition of multiparty cryptographic protocols[J]. Journal of Cryptology, 2000, 13(1): 143-202.

[141] LINDELL Y. How to simulate it: A tutorial on the simulation proof technique[M].

Tutorials on the Foundations of Cryptography. Cham: Springer, 2017: 277-346.

[142] GARAY J, SCHOENMAKERS B, VILLEGAS J. Practical and secure solutions for integer comparison[C]. International Conference on Practice and Theory in Public-Key Cryptography, 2007: 330-342.